KB260901

최씨부부의
어처구니 있는 아파트살이

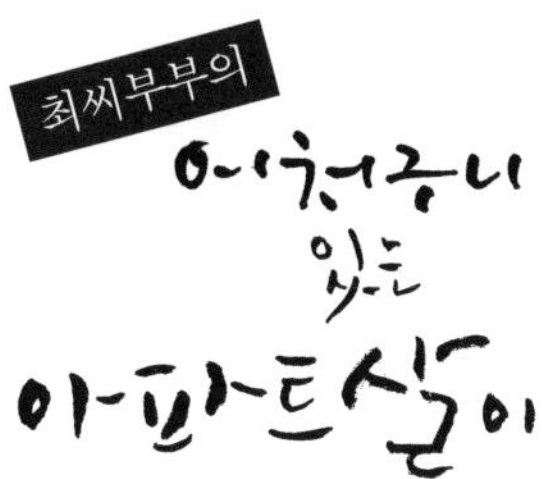

어정중이 있는 아파트살이

최순덕 · 최종덕 지음

당대

최씨부부의 어처구니 있는 아파트살이

ⓒ 최순덕 · 최종덕

지은이/최순덕 · 최종덕
펴낸이/박미옥
펴낸곳/도서출판 당대

제1판 제1쇄 인쇄 2005년 11월 25일
제1판 제1쇄 발행 2005년 12월 5일

등록/1995년 4월 21일(제10-1149호)
주소/서울시 마포구 연남동 509-2, 3층 ㉾ 121-240
전화/323-1316 팩스/323-1317
e-mail/dangbi@chollian.net
ISBN 89-8163-128-X

세상의 바쁜 사람들을 위하여
— 일상 속의 평등한 삶

도시 한가운데 밀집되어 있는 아파트에 살면서 생태적으로 사람답게 잘살아 보자는 말은 어쩐지 어울리지 않는 듯하다. 그렇다고 해서 도시를 벗어날 수도 없는 형편이다. 전원주택이니 주말농장이니 하지만 누구나 쉽게 할 수 있는 것도 아니다. 노후에 가서야 이 복잡한 도시를 떠나 시골에 내려가 살 계획을 꿈꾸어 보지만, 이런 생각 또한 아무나 실현할 수 있는 것은 아닌 것 같다.

마음의 결단만 있으면 된다고? 맞는 말이다. 하지만 결단을 쉽게 내릴 수 없는 보통사람들이 대부분이다. 귀농이니 귀향이니 말들 하지만 나 자신은 그럴 용기도 없고, 그럴 수 없는 핑계를 잘도 댄다.

그렇다고 해서 도시 아파트생활의 일상에서 벗어나고픈 욕망이 사라진 것은 아니다. 아파트에서 살면서 현실적으로 가능한 변화를 꿈꾸며 작은 소망이 이루어지기를 원할 뿐이다.

그저 그런 일상으로부터의 일탈을 꿈꾸지만 그렇다고 해서 아파트를 버릴 수 없는 것이 나의 현실이다. 뻐꾸기 소리나는 시골을 찾고 싶지만 오늘도 목을 죄는 넥타이를 매고 출근해야 한다.

아파트 옥상에서 번지점프를 ♪∼♬
신도림 역 안에서 스트립쇼를 ♪∼♬

자우림의 〈일탈〉은 정말 꿈같은 머나먼 일이다. 아파트 엘리베이터가 고장 나서 옆동 엘리베이터를 타고 옥상까지 올라가 비상구를 통해서 집에 겨우 들어갈 때, 옥상은 일탈이 아니라 지겨운 일상일 뿐이다.

나이 드신 분들은 많이 들어보셨겠지만, 이젠 옛 노래가 된 남진의 〈님과 함께〉는 더더욱 가관이다.

저 푸른 초원 위에 그림 같은 집을 짓고

사랑하는 우리 님과 한백년 살고 싶어

봄이면 씨앗 뿌려 여름이면 꽃이 피네

가을이면 풍년 되어 겨울이면 행복하네

좋은 노래다. 이 노래를 듣고는 하는 말이 "누군, 그런 집 짓고 살고 싶지 않나?"

뭔가 대단한 뜻이 있어서가 아니라 일자리가 없어서 할 수 없이 귀농한 사람들, 도시생활을 접고 고향에 내려가고 싶어도 이뤄 놓은 것이 없어서 가지 못하는 사람들, 농사를 짓다가 결국은 다시 도시 전세방으로 옮기는 사람들, 명퇴 퇴직금으로 시골의 농사 지을 넓은 땅을 사려고 했다가 겨우 300평만 살 수 있는 땅값의 현실에 부딪혀 그냥 도시에서 식당을 개업한 사람들, 계곡물 흐르는 소리가 들리는 폼나는 전원주택의 꿈을 꾸고 있지만 아파트 대출금 갚기에 바쁜 사람들, 직장상사 눈치볼 필요 없는 자연의 품을 그리지만 오늘도 역시 전철 갈아타고 출근하는 사람들, 이런저런 사람들이 바로 우리 주변에서 쉽게 볼 수 있는 아파트 주민들이다.

오늘도 윤수일의 〈아파트〉를 흥얼거리지만, 정말 알쏭달쏭하기 짝이 없는 가사이다.

별빛이 흐르는 ♪♪ 다리를 건너~

바람 부는 갈대숲을 지나~

언제나 나를 ♪♪ 언제나 나를 ♪♪

기다리던 너의 아파트~~

결국 내가 사는 이 아파트에 정을 붙이고 살기로 했다. 이왕 떠나지 못할 바에야 베드타운이라는 삭막한 아파트의 현실을 내 마음에서부터 부수고 나를 기다리게 하는 정겨운 아파트로 만들어보자는 것이다. 그래서 이 책을 쓰게 됐다.

이 책에서 우리는 사람이 사람답게 살고 싶은 소박한 마음을 담고자 했다. 이 책의 내용 가운데는 독자들의 상황에 맞지 않는 것도 있을 것이다. 그러나 이 책은 어떤 생활정보를 전해 주고자 하는 것이 아니다. 문명의 이기가 극대화되어 가는 기계문명 속에서 사람들은 정말 편해졌다. 그 대가로 우리는 점점 소외의 늪에 빠지고 있다.

그렇다고 자본의 구조를 무작정 거부하자는 것은 아니다. 다만 삶의 의미를 자본의 구조 속에 풍덩 던져버리지 말았으면 좋겠다. 그 늪에 빠져서 내 몸이 할 수 있는 많은 일들을 잃지 말자는 이야기이다.

▲ 시간의 강에 시계를 던진다고? 좋은 말이기는 한데, 도심 한가운데 살면서 그럴 수 있을까? 아이들이 엄마가 사다 준 도자 흙으로 장난하는 데 나도 끼여서 뭔가를 만지작거렸다. 시계를 상징하여 구운 도자 뒷면에 끼적거린 한마디 "시간의 강에 시계를 던진다."

자, 한번 엄두를 내보도록 하자. 어려운 일이 아니다. 일요일 오후 텔레비전의 프로축구에만 빠져 있지 말고 동네축구라도 뛰는 것이 좋겠다. 아파트 근처 학교운동장으로 나가서 헛발질이라도 해보는 것이 낫다는 말이다. 화려하기 그지없는 기업형 놀이공원에 갈 수도 있겠지만, 그보다는 어린이 자연학교 프로그램 등을 찾아서 아이들과 함께 주말을 그곳에서 한번쯤 보내는 것이 참으로 좋겠다.

아들과 아빠는 식탁에 앉아 엄마가 밥 차려주기만을 기다리지 말고 어설픈 요리나마 나름대로 연구해서 해본다거나 그것이 여의치 않으면 설거지라도 한다면, 아마 많은 것이 달라질 것이다.

물론 아이들은 학교공부 때문에 시간이 안 난다고, 아빠는 돈 버느라 바빠서 할 수 없다고 말들 하겠지만, 나 역시 아들 구실도 해보았고 아빠 역할도 하고 있는지라 이 정도의 시간은 마음만 먹으면 얼마든지 낼 수 있다는 것을 잘 안다.

우리 한국사회는 너무 바쁘다. 그리고 겨우 살아갈 정도의 돈을 벌기도 너무 힘들다. 그동안 정신없이 살아왔는데 요즘 경제 돌아가는 형편을 보니 앞으로는 더 바쁘게 살아야 할 것 같은 예감이 든다. 사실 이 책의 내용은 바쁘게 사는 사람들을 위한 것이다. 일부러라도 삶의 속도를 좀 늦출 수 있으면 아주 좋으련만, 그럴 수 없는 사람들이 너무 많다.

그런데 요즘 들어서 정말 속도를 확 낮추는 사람들이 주변에서 조금씩 생겨나고 있다. 그런 사람들의 살아가는 이야기가 우리 귀를 유혹하기도 한다. 귀농을 한다, 생태적인 생활로 바꾸었다, 도시를 떠나 전원으로 간다는 등의 이야기가 전에 비해 자주 들리지만, 정작 나 자신은 그렇게 할 수도 없고 그럴 용기도 없다. 뭐, 걸리는 것이 한두 가지여야지. 간단히 말해서 용기가 없으며, 돈이 없다. 이 모습이 바로 우리 자신의 서글픈 자화상이다.

그러나 용기를 내보자. 과감하고 소문난 용기는 내지 못한다 해도, 평범한 우리들에게도 자신의 삶을 남에게 맡기지 않고 손수 가꾸는 일은 정말 소중한 듯하다. 그러기 위하여 이미 몸에 밴 습관이 되어버린 권위 같지 않은 권위를 과감히 버리고, 소위 관행이라는 핑계에 편승하여 남이 만들어주기만 기다리며 앉아 있지 말고 죽이 되어도 좋으니 스스로 만들고 스스로 꾸리는 엄두를 내보자. 뭐 그리 대단한 목표의식을 가질 필요도 없다. 변화는 일상이다.

※ 이 책에서 부부인 저자들은 문장표현에서 독특한 화법을 구사하고 있다. 한 문장 내에서도 주어 '나'가 때로는 아내가 되기도 하고, 또 때로는 남편이 되기도 한다. 혼동하실 수도 있겠으나, 내용으로는 독자께서 그냥 읽어나가는 데 지장이 없게끔 문장을 꾸몄다.

차례

최씨부부의

어처구니 있는 아파트살이

01

아파트와 메주

메주 담글 옹기 항아리를 몇 개 샀다. 무릎도 안 차는 작은 항아리이다. 사실은 아파트 베란다가 너무 작아서 큰 항아리를 놓을 공간이 없다. 그러니 자연스레 메주도 작은 항아리 입에 들어갈 수 있을 정도의 크기로 만들 수밖에 없었다. 메주의 모양은 담는 틀에 따라 당연히 달라진다. 집에 적당한 틀이 없으니 조금 크다 싶은 각종 그릇이 다 동원되었다. 크고 작은 동그란 플라스틱 반찬통, 네모난 나무상자 등, 동원한 틀만큼이나 메주 모양도 다양해졌다. 해놓고 보니 모양들이 그렇게 예쁠 수가 없다. 좁디좁은 베란다 곳곳에 메주덩이를 놓았다.

황사와 공해에 찌든 도시에도 가을이 되면 하늘이 맑고 햇살이 따스한 날이 많아지는 것 같다. 토요일 오후 아파트 뒤편 잔디밭을 나가보니, 젊은 엄마들이 어린아이들과 함께 세발자전거를 끌기도 하고, 아파트 좁은 공간의 자동차들 사이로 인라인스케이트를 타기도 한다. 그 모습을 보고 있노라니, 문득 내가 나이를 참 많이 먹었구나 하는 생각이 들었다.

그때 젊은 엄마 셋이서 자동차에서 내려 엘리베이터 쪽으로 걸어 들어가면서 장바구니 안에 든 된장 이야기를 한다. 시골 친정에서 해마다 받아먹던 된장이 올해는 끊겨서 할 수 없이 동네 시장에서 된장과 청국장 한 덩어리를 샀다는, 그런 이야기였다. 그토록 자주 먹는 된장, 고추장이지만, 내 나이 마흔이 넘도록 한번도 메주를 담가본 적이 없다는 사실을 새삼 깨달았다.

그동안 시댁 아니면 친정, 혹은 마트나 생협에서 사다 먹거나 때로는 아는 이들로부터 얻어먹기만 했다. 비단 나만 이렇게 하는 것은 아니겠지만, 내가 나이가 들면 자식들한테 해줄 수 있고 알려줄 수 있는 것이 무엇일까 생각해 보다가 된장과 간장을 직접 만들어보고 싶은 생각이 불현듯 들었다.

시장에서 파는 것도 많고 맛있는 것도 많지만, 다 복잡한 유통과정을 거쳐 진열대에 놓이게 된 최종 소비상품을 돈 주고 사서 먹는 것이다. 다른 식품은 몰라도 된장이나 고추장 같은 생활의 기본 먹을거리만큼은 설령 제대로 잘 안 된다 해도 직접 만들어 보고 싶었다.

그러나 된장 만드는 방법에 대하여 아는 것은 없었고 그저 귀동냥이 전부였다. 재래시장에 나가 시장 한 귀퉁이에 초라한 좌판을 펼치고 콩을 파는 할머니들이 가장 귀중한 정보처였다. 할머니들에게 물어보면서 일일이 메모하는 것을 잊지 않았다.

하지만 이렇게 주워들은 이야기들은 할머니마다 다 달라서 좀더 체계적인 정보가 필요했다. 그래서 생활잡지로 나오는 『귀농

▶처음에는 우리도 된장 만
드는 방법에 대하여 아는
것이 없었고 귀동냥이 전부
였지만 이제는 꽤 선수가
되었다.
▼아파트에서는 작은 항아
리가 우선이다. 어차피 양도
많지 않으니 말이다. 환기만
가끔 한다면 창문을 닫아놓
아도 메주가 뜨니 걱정 마
시라.

통문』이나 녹색연합의 『작은 것이 아름답다』 또는 가끔은 『녹색평론』에서 정보를 얻고, 인터넷에 들어가서도 콩과 메주에 관한 자료를 찾아보았다.

가장 중요한 것은 만들어보겠다고 용기를 내는 일이었다. 메주 하면 시골 어둠침침한 방의 퀴퀴한 냄새가 떠올라, 현대인의 주거 환경과는 어울리지 않는다고 생각하기 십상이다. 그러니 직접 만들어보겠다는 엄두는 물론 생각조차 내지 못한다. 그래도 우리는 한번 엄두를 내보기로 했다.

우선 시험적으로 지난해 시장에서 사다 둔 묵은 콩과 새로 나온 햇울타리콩, 쥐눈이콩 등으로 메주를 쑤기로 했다. 처음에는 흰콩(백태, 왕태가 있다) 중에서 왕태와 울타리콩을 가지고 메주를 쑤었다.

왕태와 울타리콩을 3 대 1(컵의 부피로 따지면 된다)로 섞어서 저녁나절에 물에 잘 씻어 불려놓았다가 다음날 아침에 큰 냄비에다 푹 삶았다. 콩을 불릴 때는 물과 콩의 비율을 2 대 1로 하고, 센 불에 끓이다가 냄비뚜껑이 들썩들썩할 때쯤 불을 낮추어 중간불로 하고 3시간 정도 더 삶는다.

손으로 콩을 만져보아 별로 힘 안 들여도 물러지면 불을 끄고 체에 밭여서 콩물을 빼고 냄비에 다시 넣어 나무공이로 찧는다. 물론 절구에 찧으면 더욱 좋다. 콩이 드문드문 남아 있을 때까지 찧은 다음 네모난(케이크 모양으로 하거나 동그란 모양이어도 좋다)

플라스틱 통에 랩을 넓게 깔고 그 위에 짛은 콩을 담으면서 중간 중간 절구공이로 꼭꼭 눌러 박는다. 이렇게 해서 적당한 모양이 만들어지면, 나무도마에 깨끗한 것을 깔고 그 위에 플라스틱 통을 뒤집어엎은 다음 랩을 씌운 채로 밑바닥 모양을 잘 다듬는다. 그리고는 랩을 살금살금 잘 떼어내서 베란다의 햇볕 잘 드는 곳에 내어놓는다.

바람이 통하게 베란다 문을 열어놓지만, 벌레가 달라붙으면 안 되니까 방충망 문은 반드시 닫아야 한다. 아침부터 햇볕이 좋으면 더 좋고 아이들이 늦잠 자는 일요일 아침이면 더욱 좋다. 그리고 마르라고 그냥 내버려둔다. 햇살이 좋으면 한나절이면 겉이 꾸덕꾸덕해진다. 저녁 무렵에 뒤집어서 또 말린다.

랩은 그냥 물에 씻어서 걸쳐놓아 물기 없게 말려 또 쓴다. 우리는 랩이 공해물질이라는 것을 알지만 자주 쓰는 편이다. 랩이 유용할 때가 많기 때문이다. 대신 한번 쓴 랩을 그냥 버리는 법은 없다. 열 번이고 스무 번이고 계속 쓰다가 구멍이 나거나 생선냄새가 지독히 배면 그때 버린다.

메주 뜰 때 짚은 매우 중요한 역할을 한다. 최순우 선생님이 쓰신 『무량수전 배흘림기둥에 기대서서』라는 책을 몇 년 전에 보고는 부석사에 꼭 한번 가보고 싶었는데, 드디어 4년 만에 우리는 영주 부석사 무량수전을 가게 되었다. 가는 길에 어느 시골길 볏가리 해놓은 논에 동이지어 말리고 있는 짚을 한 움큼 가져왔다.

▲▼소금물에 들어간 메주. 그 위에 숯과 고추 그리고 볶은 대추. 이제 간장과 된장을 나눌 때가 됐다.

행여 그 논 주인이 보고 뭐라 할까, 누가 볼까 얼른 한 단을 자동차에 실었다.

집집마다, 동네마다, 지방마다 된장과 간장 맛이 다른 것은 짚에 살고 있는 균의 종류가 다르기 때문이라고 한다. 볏짚에 있는 균이 메주 만드는 데 결정적인 발효작용을 한다는 것쯤은 다 아실 것이다. 그러고 보니 순창·고창의 장맛이 좋은 이유가 해가 잘 비치는 곳이라서 그렇겠지만, 그 마을 짚이 좋기 때문이기도 한 것 같다. 얼마 전에는 농약을 전혀 안 치고 유기농법으로 농사를 짓는 원주시 호저면의 논에 가서 볏짚을 몇 단 주워오기도 했다. 내 짐작이지만 볏짚도 좋아야 할 것 같은 생각이 들어서였다. 아직 그 과학적 근거는 확인하지 못했지만.

혹시 몰라서 짚의 겉껍질은 일일이 벗겨내고 깨끗한 속대만 묶어서 사용하기로 했다. 물론 햇살의 형편에 따라 약간 차이가 나지만, 며칠 지나 메주덩어리 겉면이 웬만큼 딱딱하게 마르면 상품 포장용으로 쓰는 딱딱한 종이상자 같은 데 짚을 두 겹 정도 깔고 그 위에 메주를 놓는다. 그리고는 어린아이 보살피듯 들여다보아야 한다. 아침에 일 나가기 전에 한번, 저녁에 들어와서 한번 뒤집어준다. 직접 만들었다는 뿌듯함에 정말 갓난아이 다루듯 정성들여 메주를 보살폈다.

가능하면 베란다 문을 열어놓아 바람이 잘 통하게 하는 것이 좋다. 그렇지만 먼지가 많이 들어오는 아파트에서는 베란다 문을 닫아도 큰 문제는 없다. 그러다 어느 날 보면 하얀 곰팡이가 생기면서 딱딱하게 더 마른다. 그렇게 상자 속에 넣은 채 추워질 때까지 한두 달 베란다에 둔다.

또 다른 방법으로는 메주콩에다 쥐눈이콩을 6 대 1로 섞어도 좋다. 집에 전기압력밥솥이 있으면, 불리지 않은 채로 콩이 잠길 정도만 물을 붓고 잡곡취사 메뉴를 눌러놓아도 된다.

이때 쥐눈이콩에서 까만 물이 나오므로 행주를 서너 개 밥솥의 김 나오는 곳 주위와 밥솥 옆의 물 빠짐 통 옆에 둘러준다. 압력솥

의 김 나오는 구멍을 막으면 큰일 나므로 주의해서 행주를 둘러야
한다. 이렇게 해놓으면 까만 콩물이 주위에 떨어지지 않는다. 이
걸 모르고 그냥 압력밥솥에 했다가 까만 콩물이 다 튀고 떨어지는
통에, 닦느라고 끙끙댔다. 우리 집 전기압력밥솥이 오래되어서 그
런지도 모르겠다.

시간이 되어 콩이 다 익으면 밥솥을 들어내어서 그대로 뜨거울
때 나무공이로 콩콩 찧는다. 이때는 반드시 아이들이나 남편을 시
켜야 한다. 그래야 나중에 식구들이 된장을 더 맛있게 먹는다. 사
회생활이나 집안일, 무슨 일이든지 함께하는 습관을 들이는 것이
중요한 듯하다.

메주 쑤는 콩은 그냥 보통 메주콩이라 부르는 백태만 가지고
해도 되지만, 울타리콩과 섞어도 참 좋다. 그리고 백태와 쥐눈이
콩을 섞어서도 해봤는데, 콩 중에서는 쥐눈이콩을 섞은 것이 가장
구수하고 맛있다. 쥐눈이콩을 섞으면 메주가 짙은 갈색이 된다.
메주의 색깔이 너무 거무튀튀해서 싫다는 사람들도 있지만, 맛은
정말 좋은 것 같다.

이쯤 해서 된장말고 간장 이야기를 잠깐 하고 넘어가야 할 것
같다. 우리 전래의 간장색깔은 원래 검지 않다. 오히려 노랗거나
누런 색깔이 난다. 또 그래야만 국에 간장을 넣어도 국색깔이 변
하지 않는다.

그렇지만 요즘 엄마들은 간장은 다 검은색이어야 한다는 선입

관을 가지고 있는 것 같다. 그런 사람들을 위하여 앞의 전기압력 밥솥에 쥐눈이콩 삶는 이야기도 했는데, 쥐눈이콩으로 간장메주를 담그면 간장색이 검어지지 않을까 싶었다. 정말 간장색깔이 왜 간장처럼 거무튀튀했다. 그러면서도 맛은 전래의 간장맛 그대로였다.

참으로 귀중한 우리만의 발견이라고 생각하며 몹시 흐뭇해했다. 그런데 알고 보니 원래 그렇게 하는 방식이 있다고 한다. 시골 장터의 할머니에게서 우연히 듣게 되었다. 섣불리 생각 말아야지.

메주 만드는 어떤 스님의 글에 의하면, 간장 위주로 담글 메주는 푹 뜨는 것이 좋고 된장은 메주가 많이 뜨지 않아도 맛있게 된다고 한다. 뜬다는 말이 정확히 무엇인지 몰랐는데, 그것은 우리가 말하는 곰팡이다. 다만 그 곰팡이가 우리 몸에 좋은 곰팡이로 피면 된다. 짚이 좋아서 그런지 다행히 우리가 만든 메주 모두에 생크림 같은 하얀 곰팡이가 피었다.

메주는 나중에 항아리에 집어넣을 것을 생각해서 시장에서 파는 메주 크기의 1/3 정도로 앙증맞게 만들었다. 집에 있는 항아리 중에 새우젓 항아리가 한 개 있다. 옛날 시어머니가 개성에서 피난 나올 때 가지고 오신 것인데 우리에게 주셨다.

이곳저곳에서 새우젓 항아리를 보았지만 시어머니가 주신 것은 그 모양이 매우 의젓하고 안정되어, 솜씨 좋은 옹기장이를 떠올리게 한다. 그 안에 가득 담을 새우젓은 이제 없지만, 가끔 꽃을

소복이 담아 모양을 내기도 한다. 혹은 겨울에 동치미를 그 항아
리에 담가 먹으면 맛이 정말 별미이다. 맨몸도 힘든 피난길에 그
무거운 항아리를 들고 다녀야 했던 당시의 힘겨움을 이 항아리가
간직하고 있다.

항아리는 그것 하나로 부족하여 옹기 항아리 몇 개를 더 샀다.
무릎도 안 차는 작은 항아리이다. 사실은 아파트 베란다가 너무
작아서 큰 항아리를 놓을 공간도 없다. 그러니 자연스레 메주도
작은 항아리 입에 들어갈 수 있을 정도의 크기로 작게 만들 수밖
에 없었다. 메주의 모양은 담는 틀에 따라 당연히 달라진다. 집에
적당한 틀이 없으니 조금 크다 싶은 각종 그릇이 다 동원되었다.

크고 작은 동그란 플라스틱 반찬통, 네모난 나무상자 등, 동원한 틀만큼이나 메주 모양도 다양하였다. 해놓고 보니 모양들이 그렇게 예쁠 수가 없다. 좁디좁은 베란다 곳곳에 메주덩이를 놓았다.

날씨가 추워질 때까지 메주덩어리는 베란다의 종이상자 안에 그냥 놓아두면 된다. 나중에는 메주가 늘어나서 급기야 베란다에 작은 2단짜리 책장을 놓고 층층이 쌓아두었다. 이제 얼지 않게만 하면 된다. 이렇게 해서 메주가 다 뜨면 그냥 상자 위에 짚만 살짝 덮어두거나 천으로 만든 자루에 넣어 베란다의 천장부착용 빨랫대에 매달아놓으니 보기도 좋다.

어느 글에서 읽었는데, 요새는 아파트가 따뜻하여 옛날처럼 방 안에서 두꺼운 이불을 뒤집어씌워서 띄우지 않아도 햇볕이 잘 들고 바람만 통하면 베란다에 놓아도 된다고 한다. 물론 방안이나 거실에서 고약하게 풍기는 메주 뜨는 냄새도 염려할 필요가 없다.

어린 시절에 김이 무럭무럭 나는 콩을 절구에 넣고 찧는 아줌마 옆에 붙어앉아서 콩덩이 먹던 기억이 난다. 그래서 우리 아이들에게도 찧기 전에 푹 찐 콩 세 알씩을 먹어보게 했다. 저들이 나중에 크면 그거라도 기억하라고. 내년에도 또 하고, 아이들이 우리 곁에 있을 때까지 메주를 쒀야겠다고 마음먹었다.

메주 찧을 때만큼은 자기가 하겠다던 남편은 바깥일에 하도 바빠 한두 번밖에 못 찧었다. 내년에는 찧겠지. 아이들은 메주가 귀엽단다. 조그마한 게. 이렇게 해서 메주 스무 덩이를 만들었다.
참 많이도 만들었다. 대견하게도. 마흔 넘어 처음 만들어보는 메
주이다.

02

세월을 이어가는 씨앗들

주변 야산을 산보하면서 들꽃의 깊은 멋을 알게 되었다. 그래서 씨앗을 받아오기도 하는데, 그중에서도 겹봉숭아와 겹채송화를 발견하고 그 소중한 씨앗을 소중히 얻어왔다. 사실 우리는 처음에 겹봉숭아를 보고도 그것이 겹봉숭화인 줄도 몰랐다. 지금까지 거의 대부분의 시간을 도시에서 살아왔기 때문이다. 하늘 높은 어느 가을날, 시골길 어느 집 담 밑에 핀 꽃을 보고 우리는 장미라는 둥, 외국산 국화라는 둥, 쓸데없는 길거리 논쟁을 벌이다가 기어이 그 집으로 들어가 집주인인 듯한 할머니에게 그 꽃의 정체를 여쭈어보았다. 아, 그것이 우리 고유의 겹봉숭아란다! 너무나 아름다워서 그 이후로 우리는 툭하면 주변 야산을 찾아 헤매면서 들꽃 씨앗을 모으기 시작했다.

지방의 중소도시로 이사 오니 서울처럼 복잡하지 않아서 너무나 좋았다. 그러나 여기도 도시인지라 여전히 대부분의 주거형태는 역시 아파트이다. 그나마 다행이라면, 차타고 조금만 나가면 나무와 꽃과 그리고 너울바람과 그 바람에 함께 흔들리는 풀들을 볼 수 있다는 것이다. 얼마 전에 내가 나가던 일터의 할머니에게서 겹채송화와 겹봉숭아 이야기를 들었다. 그러나 이야기만 들었을 뿐, 실제로 그 꽃을 본 적은 없었다.

그러던 어느 날 문막 포진리와 치악산 황골에서 우연히 겹봉숭아와 겹채송화를 발견하고는 얼른 씨앗을 받았다. 꽃송이가 어찌나 소담스러운지 마치 국화꽃 같았다. 치악산 황골 입구 어느 작은 집 담 곁에서 만난 겹봉숭아는 지나가는 이들의 시선을 끌기에 충분했다. 그 꽃은 목화의 풍성함과 장미의 화려함 그리고 봉숭아의 부드러움을 두루 갖추고 있었다.

남편은 처음에는 돌연변이 장미가 아니냐고 우기더니, 가까이 가서 자세히 들여다보고는 우리 토종 꽃의 아름다움에 그만 입을 다물고 말았다. 젊은 아저씨가 나와서 씨를 받아가도 좋다고 허락하면서, 해마다 자기 어머니가 심는다고 했다. 몹시 소중한 만남이었다.

▲ 베란다 시루항아리에서 활짝 핀 채송화, 정말 어렵사리 키웠다.
▼ 색깔, 크기, 모양, 단단한 정도 지역마다 다 다른 울타리콩들. 밥할 때 넣어 먹으면 그 맛 또한 다르다.

겹봉숭아는 씨가 영글 때쯤이면 크기가 손가락 굵기만한 벌레
가 생긴다고 한다. 씨앗을 받을 때 보니 정말 통통한 벌레가 꽃 속
에 똬리를 틀고 있었다. 막상 벌레를 보고 나니, 아파트 베란다에
서 씨앗을 틔우기가 쉽지 않겠다는 생각이 들었다.

그러던 차에 때마침 우리는 겹채송화를 찾아내었다. 겹채송화
는 벌레도 없어서, 씨앗을 베란다 시루화분에다 심었다.

첫해에는 남의 꽁지밭에다 노란색과 연분홍색 겹채송화를 심
어놓았더니, 웬걸 남편이 잡초를 뽑다가 겹채송화까지 뽑아내었
다. 그대, 하는 일일랑 역시 그렇지. 그래도 간신히 씨앗 수십 알
은 건질 수 있었다. 수십 알이라 해봤자, 정말 잘 보이지도 않을
정도로 얼마 안 된다. 새우 눈보다 작은 채송화 씨라서 그렇다.

올해 시루화분에 심은 것이 바로 이놈들이다. 덕분에 날씨가
추워질 때까지 예쁜 꽃을 보았다. 채송화가 자식들을 생산하려면
당연히 벌이 날아와야 하는지라, 벌이 날아오게 하느라고 방충망
을 열어놓았다가 그놈의 벌이 집 안으로 들어오는 바람에 내쫓느
라고 애를 먹었다.

몇 년 전에 남편은 괴산 어린이자연학교에 갔다가 벌에 쏘여
하마터면 죽을 뻔했기 때문에 벌소리만 나면 우리는 초긴장 상태
가 된다.

이가 없으면 잇몸으로 산다고 하지 않는가. 할 수 없이 벌 대신
아이들이 그림 그릴 때 쓰던 붓에다 꽃가루를 소소히 묻혀 살살
칠해 주었다. 다행히 지들 사이에서 수정이 되었나 보다. 내년에

심을 꽃씨를 겨우 얻을 수 있었다.

가을이 깊어지면 여기저기 많이 돌아다녀야 한다. 받을 만한 씨앗들과 그해의 알곡과 수확물이 시장이며 들에도 널려 있기 때문이다. 창포 씨앗은 꼭 작은 밤톨처럼 꼬투리 주머니 안에 이삼 십 알이 들어 있다.

창포가 많이 돋아난 장소를 잊지 않고 기억해 놓았다가, 해마다 혹은 씨앗이 필요하면 그곳으로 간다. 치악산 중간자락에 있는 국형사 아래에 가면 창포가 많다. 문막에 가서는 하얀 채송화를 보고 정말 신기했다. 아마 하얀 채송화를 본 사람은 별로 없을 것이다. 또 치악산 너머 주천강을 따라 강림 가는 길가에 쭉 늘어서 있는 목화꽃 거리는 정말 솜틀집 온 기분이 들게 한다. 목화씨 받아간다고 뭐라 말하는 사람도 없다. 그곳에서 따온 목화솜 한줌으로 바늘 쿠션을 만들어서 지금도 쓰고 있다.

겨울에 치악산을 올라가다가 발견한 씨주머니는 실로 자연의 경이로움을 느끼게 해주었다. 모양이 마치 낙하산을 거꾸로 해놓은 것처럼 생긴 주머니인데, 그 주머니에는 씨가 그득 들어 있다. 이런 모습을 대하면 나도 모르게 숙연해진다. 근처 절 마당에는 수국이 꽃송이 그대로 말라 있다. 꽃이 어떻게 탐스럽게 자연 건조되었을까, 감탄한다.

▲ 수많은 콩들, 그 콩들의 잔치

　대개 울타리콩은 할머니들이 당신 드시려고 조금씩 심었던 것을 장에 내다 팔기 때문에 많이 구할 수가 없다. 특히 그해 여름은 비가 너무 와서 콩농사가 형편 없었기 때문에 콩값도 무척이나 비쌌다. 가을이 되어 인근의 5일장마다 부지런히 돌아다녔더니, 별난 종류의 콩들을 두루 구할 수 있었다.

　특히 울타리콩은 지방마다 그 모양과 크기, 색깔이 제각각이다. 그저 집에서 먹겠다고 여기저기 울타리나 담벼락 밑에, 옆에 무심한 마음으로 심어놓았다가, 손주녀석에게 용돈이라도 줄 요량으로 할머니들이 장에 조금씩 가져나와 마침내 우리들 밥상에

초봄, 아직 날씨가 쌀쌀하다. 구인사 오르는 길 한켠에 제일 먼저 핀 노루귀

까지 오르는 것이 울타리콩이다. 그래서 농사짓는 작은아들 손 밖에 난 울타리콩 걷이는 고스란히 할머니들 몫이다.

그리고 할머니는 내년에 심을 종자콩을 골라 마루 처마에 걸어 두는 것도 잊지 않는다. 이렇게 해서 씨앗의 생명은 몇백 년을 이어오며, 우리 눈에는 경이로 다가왔다.

안타깝게도 이제는 장에 나온 할머니들에게서도 그런 여유가 점점 사라지고 있다. 울타리콩이며 이런저런 콩들은 머지않아 종자 자체가 사라져 버릴 것 같은 생각이 든다. 콩뿐만 아니라 우리 토종 종자는 정말 소중한 것인데, 아직 사람들은 소중함을 잘 모르는 것 같다.

IMF 때 우리나라 종자회사가 외국자본에 다 팔려 넘어갔다고 한다. 사실 국치일에 버금가는 중대사가 아닐 수 없다. 그럼에도 불구하고 여전히 종자의 소중함을 모르니 답답하다.

장날 돌아다녀 보면 할머니들은 좌판을 벌이고 진귀한 울타리 콩이 든 조그만 보따리를 풀어놓는다. 어떤 콩은 만지면 어찌나 매끄러운지 마치 찰랑거리는 머릿결을 만질 때의 느낌 같다.

이런 콩들을 종류별로 잘 나누어서 말려야 한다. 그러면 벌레가 꼬물꼬물 기어나오는데 이놈들은 아파트 잔디밭에 휙 던져버린다. 니들은 거기서 니들 알아서 잘살라고. 콩들을 잘 말려서는 실한 것만 골라 내년에 심을 씨앗으로 쓰기 위해 좀더 말려둔다. 우리 아파트 앞에 작은 실개천이 흐르는데, 그 개천 둑에 자리를 확보해 두었기 때문에 콩 심을 땅은 있다. 나머지 콩들은 함께 섞어서 밥에 넣어 먹거나 메주 담글 때 조금씩 넣는다.

언젠가 아이들을 데리고 단양 구인사에 갔을 때이다. 콩에 관심이 많다 보니 콩 파는 할머니들만 눈에 띈다. 그때도 꽤 희귀한 편인 쥐눈이콩을 살 수 있었다. 사실 희귀한 콩이 아닌데, 우리가 새로이 알아서 신기한 거다.

마음에 두고 있으면 언젠가는 먹는 콩이든 아니면 예쁜 꽃이든지, 그 씨앗을 만나게 된다. 곰곰이 생각해 보면, 씨앗이 세월을 이어서 보존된다는 것은 정말 신기한 일이다. 그것은 생명을 가꾸는 최초의 일인 것 같다.

03

볏짚으로 둥구미
만들 때는 끈기가 있어야

손재주가 있는 사람과 없는 사람은 끝마무리를 어떻게 하는가에서 차이가 나는 것 같다. 마무리는 정성이다. 그리고 정성에는 끈기가 필요하다. 그래서 손재주가 없어도 일찍 포기하지 않고 한번 해보자는 심정으로 끈질기게 매달리면, 손재주 있다는 사람의 것과 비슷하게 만들 수 있다.

우선 볏짚을 구해 겉껍질을 다 벗겨내고 속대를 가지고 배운 대로 둥구미를 만들었다. 둥구미를 잘 마무리하려면 가마니바늘이 있어야 하는데, 가마니바늘을 구할라치니 그것이 있을 리가 없다. 어떻게 하나 곰곰 생각하다가 기발한 생각이 떠올랐다. 대장간에 가서 직접 만들어보기로 했다.

귀농을 원하는 도시인들의 귀농을 돕는 '귀농운동본부'라는 단체가 있다. 후배가 그곳에서 『귀농통문』이라는 잡지의 편집일을 하는 터라, 이런저런 인연으로 그 잡지를 정기구독하게 되었다. 물론 우리는 귀농하고 상관없지만, 이 잡지에는 매우 유용한 생활 정보가 심심찮게 실린다.

하루는 아내가 『귀농통문』에 실린 볏짚 공예교육 안내문을 보더니 배우러 가겠단다. 강화도에서 하는 모양인데, 직장도 하루

▲지름 60센티 정도 되는 멍석을 만드는 데 무려 2주일이 걸렸다. 실은 멍석이 아니라 원래 용도는 항아리 덮는 덮개다.

쉬고 나서는 걸 보며 대단한 정성이라는 생각이 절로 들었다.

짚공예를 가르쳐주시는 선생님은 강화에서 나오는 짚으로 우리 민속공예품을 만드시는 할아버지였다. 교육일정이 1박 2일이어서 수많은 공예품들을 다 배워올 수 없어, 하나라도 착실히 배우기로 했다. 그렇게 작정하고 배운 것이 둥구미다.

둥구미는 옛날에 떡 찔 때 김이 새어나가지 않게 시루 위를 덮는 데 썼고 또 겨울에는 김치항아리를 덮거나 여차하면 방석으로 깔고 앉았다고 한다.

짧은 시간 배운 솜씨라 엉성하기 짝이 없었지만 그래도 꼴은 내가면서 만드느라 애썼다. 몇 차례 시행착오를 거치다 보니, 이제는 괜찮게 만들었다는 소리까지 듣게 되었다.

사실 짚공예 선생님을 멀리서 찾을 필요가 없었다. 얼마 전에 돌아가신 우리 아버지는 짚으로 온갖 것을 만들 수 있는 재주를 가지고 계셨기 때문에, 아직도 집 안에는 당신이 생전에 짚으로 만들어놓으신 바구니며 돗자리 등이 남아 있다.

하지만 나는 이런 재주를 물려받지 못했지만, 신기하게도 이 손재주를 우리 아들에게서 찾을 수 있었다. 우리 집 작은놈이 초등학교 2학년 때였을까, 짜장면을 시켜서 먹을 때마다 중국집에서 갖다 준 나무젓가락 대신 집의 젓가락을 사용하고는 그 나무젓가락들을 모아두었다가 연필 깎는 칼로 젓가락 끝에다 온갖 모습의 사람을 조각한 것이다. 정말 그럴 듯한 솜씨이다.

손재주가 있는 사람과 없는 사람은 끝마무리를 어떻게 하는가에서 차이가 나는 것 같다. 마무리는 정성이다. 그리고 정성에는 끈기가 필요하다. 그래서 손재주가 없어도 일찍 포기하지 않고 한 번 해보자는 심정으로 끈기 있게 매달리면 손재주 있다는 사람의 것과 비슷하게 만들 수 있다.

나도 그렇고 아내 역시 손재주 없기는 마찬가지이지만, 나는

끈기가 부족한 반면 아내는 끈기 있게 짚을 가지고 지지고 볶고 하다 보니 마침내 그럴듯한 작품이 나오게 되었다. 누구나 다 할 수 있다는 말을 이렇게 장황하게 했을 뿐이다. 다시 원래 이야기로 돌아가자.

짚으로 무엇을 만들려면 당연히 볏짚이 있어야 한다. 도시에서는 짚 구하기가 만만치 않다. 그래도 도시만 조금 벗어나면 얼마든지 구할 수 있다. 우선 가을걷이를 한 논에 가서 짚단을 조금 날라 왔다.

무턱대고 아무 논이나 가서 가져온 볏짚은 아니다. 볏짚으로 무엇을 만들기 위해서는 짚풀의 길이가 웬만큼 길어야 하는데, 기계로 걷이를 한 볏짚은 짚대가 짧기 때문에 손으로 직접 낫질한

볏짚이 좋다고 한다. 마침 집 주변에 손바닥 논일을 하시는 할아버지 한 분이 직접 낫질을 한 볏단들이 있어서, 두어 단 가져왔다. 내 딴에는 볏짚 가격으로 담뱃값이라도 하시라며 약간의 돈을 드렸지만 한사코 받지를 않으셨다. 그래도 억지로 드리고 왔다.

우선 겉껍질을 다 벗겨내고 속대를 가지고 배운 대로 둥구미를 만들었다. 동구미를 잘 마무리하려면 가마니 바늘이 있어야 하는데, 가마니 바늘을 구할라치니 그것 또한 있을 리가 없다. 어떻게 하나 곰곰 생각하다가 기발한 생각이 떠올랐다. 대장간에 가서 직접 만들어보기로 했다.

사실 옛날 같으면 기발할 것도 없이 당연한 것이지만, 아무튼 원주에는 아직도 재래시장 안에 대장간이 있어서 다행이었다. 서울에도 불광동 시장에 가면 유명한 대장간이 있다는 이야기는 들었지만, 정확한 위치는 모른다.

　대장간에 가서 가마니 바늘을 만들어달라고 했더니 대장간 할아버지께서 금방 만들어주셨다. 3천 원이란다.

　집에 와서 새끼 꼰 것을 바늘귀에 넣어보았더니, 새끼는 들어가는데 바늘이 너무 커서 꿰매어지지를 않는다. 다시 대장간에 가서 좀더 작게 만들어달라고 하니까, 할아버지도 아주 옛날에 만들어본 기억밖에 없다시면서도 친절하게 다시 만들어주셨다.

　볏짚 하나하나를 일일이 벗길 수 없기 때문에, 볏짚을 단째 잡아서 한꺼번에 겉대를 벗겨야 한다. 이럴 때 쓰는 것이 성긴 머리빗처럼 생긴 홀치기라는 것이다. 사실 이런 도구까지 갖추어야 할만큼 대단한 작품을 만드는 것도 아니거니와 그럴 능력도 없지만, 혹시나 하는 마음에 동네 고물상을 가보았다. 고물상 관리실 한쪽 구석에 비슷하게 생긴 것이 처박혀 있어서 헐값에 사가지고 왔다.

　홀치기로 볏단을 훑어보면, 많이 잡고 하면 잘 안 되므로 조금씩 잡고 해야 그런 대로 잘 벗겨진다. 어쨌든 둥구미와 짚방석 몇 개를 그럭저럭 만들었다. 하지만 볏짚으로 뭘 만든다는 게 너무 힘들어서 그 이후로는 해볼 엄두를 내지 못했다.

　그래도 가을이 되면 여기저기 돌아다니면서 볏단도 조금씩 구해다 놓았더니, 메주 만들 때 유용하게 쓸 수 있어서 좋았다. 하지만 이조차도 앞으로는 어려울 것 같다. 23평 아파트에 볏단 쌓아놓을 데가 없으니 말이다.

이렇게 해서 둥구미를 네 개 만들어, 세 개는 선물로 주고 한 개는 우리 집에 있다. 둥구미 만드느라고 손의 지문이 다 없어져 버려서, 새 주민등록증 만들 때 동사무소 직원에게서 도대체 무슨 일을 하시기에 손 지문이 없냐는 소리까지 들었다. 정말 세상에는 쉬운 게 없구나 하는 생각이 들었다.

멍석 같은 큰 것도 아니고 정교한 공예품도 아닌, 그저 간단한 생활용품을 만드는데도 손끝이 다 갈라질 정도였다. 그래도 내가

만든 둥구미를 우리 집 한쪽 벽에 걸어놓으니 뿌듯하다. 그리고
손은 걱정 마시라. 곧 지문이 재생되었으니까.

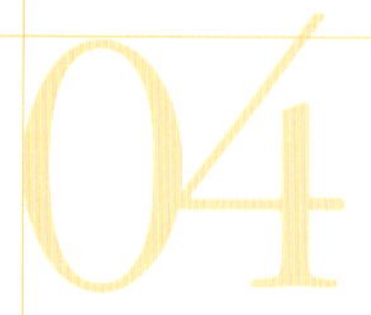

한쪽 구석의
피아노와 아이들의 감성교육

거실 한구석이나 골방에 처박혀 뚜껑 열어본 지도 몇 년 되는 피아노보다는, 잘 치지 못하더라도 활용하는 피아노로 만드는 일이 중요하다. 그리하여 집안 분위기가 부드러워지고 텔레비전에 찌든 생활로부터 벗어날 수 있는 계기를 마련해 보자. 음악은 듣는 것도 중요하지만 직접 하는 일이 더욱 중요하다. 미술도 마찬가지이다. 문제는 참여할 수 있다는 자신감이다. 예술은 이론이 아니다. 직접 하는 것이다. 그래서 느끼는 것이다. 예술은 전문 예술가의 소유가 아니다. 아이들을 모두 예술가로 키우기 위하여 예술을 가르치는 것은 아닐 것이다. 그렇기 때문에 예능교육의 방식을 과감히 바꾸어야 한다.

피아노는 많이 배워야만 칠 수 있는 것이 아니다. 그리고 전문가만 치는 것도 아니다. 더욱이 아이들이 건반을 가지고 장난하면 고장 난다고 야단쳐야 하는 그런 대단한 재산물품도 아니다. 좀 못 쳐도 되고, 좀 틀려도 제 흥에 겨워 치기만 하면 된다.

그런데 우리네가 피아노를 대하는 태도는 이와 사뭇 다르다. 우선 피아노를 장롱처럼 모셔놓는 집이 너무 많다. 피아노를 반드시 『바이엘』 같은 교재를 경전으로 삼아 배울 일도 아니다. 모두

다 피아노 전문가가 될 것도 아닌데 왜들 전문가 코스만 배우려 들고 또 그렇게만 가르치고 있는지 정말 모르겠다.

요즈음 어린아이들 있는 집 치고 피아노 가르치지 않는 집은 별로 없다. 대개가 남들이 하니 무조건 따라서 하는 것이다. 행여 우리 아이만 뒤처지지 않을까 걱정하는 엄마의 마음은 이해하지만, 해도 너무들 한다. 이러니 피아노 배우려면 겁부터 나고 건반만 보면 스트레스가 쌓이는 아이들이 자연히 많아질 수밖에. 중요한 것은, 피아노 배우기는 전문가 양성교육이 아니라 아이들의 감성훈련에 중점을 두어야 한다는 사실이다.

우리 집은 몇 년 전에 어렵사리 피아노를 구입했다. 그것도 아이들이 웬만큼 자란 뒤였다. 요즈음 세태에 따르면, 우리 집 피아노 구입시기는 늦어도 한참 늦었다. 어쨌든 우리 부부는 격론 끝에 피아노를 사기로 했다. 남편은 중고 아니면 디지털 피아노를 사자고, 나는 제대로 된 새 피아노를 사자고 주장했다. 결국 나의 주장대로 피아노 가게에 가서 뭐나 아는 것처럼 건반을 몇 번 딩동거려 보고는 그 비싼 피아노를 덜컥 사버렸다.

이제는 두 아이에게 피아노를 가르치기만 하면 되었다. 그런데 우리 아이들이 집 앞에 있는 피아노 학원은 절대로 가지 않겠단다. 한번 가보니 유치원생 아니면 초등학생 꼬맹이들뿐이지 않은가. 우리 아이들이 가지 않겠다고 버틴 이유를 충분히 이해할 수 있었다. 그래서 피아노 선생님을 집으로 모셔오기로 했다.

▲ 우선 두드리고 켜본다. 그 다음에 음악을 만든다.

우리는 건방지게도 피아노 선생님에게 우리 아이들에 대한 우리 나름대로의 피아노 교육방침을 당당히 요청했다. 그러나 피아노 선생님은 여전히 하던 방식대로 마치 경전 같은 교재를 놓고 땡땡거리기만 했다. 아이들도 그렇게 손가락을 움직이고 오늘도 내일도 그저 시간 때우기에 급급했다.

이게 아니다 싶었다. 그래서 다시 다른 피아노 선생님을 찾았다. 이번에는 취미생활 삼아 피아노를 칠 수 있게 해주고 아이들과 함께 놀아줄 수 있는 그런 선생님을 찾았다.

아이들의 나이에 맞고 분위기에도 맞는 노래를 선정하여 팝이

나 가요 중심으로 피아노를 가르쳤다. 그러면서 피아노의 활용도가 몰라보게 높아졌다. 그 다음에는 악보 없이 듣는 것만으로 피아노를 쳐보게끔 했다. 아이들도 잘 듣는 것이 잘 치는 것이라는 생각을 하는 것 같았다. 자기가 들은 대로 최대한 따라 치려고 하는 모습을 보였기 때문이다. 어차피 피아노 전공자로 키우려는 것도 아닌 바에야 자기들의 생활 속에서 음악이 살아나는 그런 피아노의 활용이 필요하다는 생각이 들었다.

거의 대부분이 아이들만 피아노를 치게 하고 엄마나 아빠는 감히 피아노 칠 엄두를 내지 못한다. 왜냐하면 대개 어른들은 아주 특별한 교육과 대단한 훈련 및 나아가서는 타고난 능력이 있어야 피아노를 칠 수 있다고 생각하고 또 그렇게 알고 있기 때문이다.

그렇지만 나이 먹은 엄마나 아빠들도 굳이 피아노 교습을 받지 않더라도 독수리 타법의 건반 때리기를 "학교 종이 땡땡땡"부터 재미삼아 해보는 것은 어떨까. 그러면서 피아노와 친근해지는 것이 중요하다.

타고난 재주며 능력이 어떻다는 둥 따질 필요가 조금도 없다. 누구나 할 수 있기 때문이다. 특히 엄마가 건반을 딩동거리면 아이들이 피아노에 더 많은 관심을 가지게 된다. 허나 아이들을 위해서만은 아니다. 어른도 일상의 정서생활에 큰 도움이 된다.

나는 아이들이 피아노 배울 때 옆에서 눈여겨보았다. 그래도 건반을 만지기에는 큰 장애가 있었다. 왜냐하면 악보를 전혀 볼 줄 몰랐기 때문이다. 그래도 나는 연신 입으로 흥얼거리면서 그 흥을 건반과 연결시켜 보곤 했다.

이렇게 몇 달을 해보았더니, 이게 웬일인가. 조용필의 〈돌아와요 부산항에〉와 주병선의 〈칠갑산〉을 연주하게 되었다. 물론 연주라고 말하기에는 민망스럽지만 말이다. 반주 없이 가락만 쳐도 좋다. 다시 반년이 지나자, 이제 반주까지 곁들일 수 있게 되었다. 반주라고 해봐야 내가 억지로 만든 반주이지만, 아내는 들을 만하다고 하니 참으로 다행이었다. 아니 들어줘서 고맙다고 해야 할 것이다.

어느새 3년째가 되었다. 이제는 집에 일찍 들어가서 아내가 저녁준비를 할 때 나는 피아노 치는 일이 일상이 되었다. 처음부터 악보 없이 들은 대로 건반을 두드리다 보니, 오히려 어떤 음악이든 내가 입으로 흥얼거릴 수만 있으면 모든 멜로디를 칠 수 있게 되었다. 가요에서부터 세레나데까지, 민요에서 탱고에 이르기까지 제법 들을 만하다고 한다.

제일 좋은 것은 노래방 가지 않아도 집에서 흥을 낼 수 있다는 것이다. 물론 전문가가 볼 때는 유치한 수준이겠지만 말이다. 그렇다고 내가 전문가에게 피아노 연주를 선뵐 일도 없고 국립극장 무대에서 연주할 일도 없을 터인데, 그저 내 흥이 돋아나고 내 아내가 듣기 좋다고 하면 되지 않겠는가.

이렇게 해서 피아노는 나의 소중한 친구가 되었다. 내 딴에는 속으로 인간승리를 외쳤다. 악보 하나 제대로 볼 줄 모르는 내가 제법 반주까지 곁들여 갖가지 멜로디를 치게 되었으니 말이다. 무려 3년이 걸렸다.

그러나 더 중요한 것은 저녁에 술자리를 피하고 빨리 집으로 발걸음을 옮긴다는 사실이다. 특히 아내는 이 점 때문에 내가 피아노 치는 것을 무척 환영한다. 사실 나도 속으로는 대단하다고 스스로 대견해하고 있지만, 여전히 남들에게 선을 뵈지는 못하고 있다. 요즘은 아내도 피아노 앞에 앉아 딩동거린다. 까짓 누가 볼 것도 아닌데 우선 "학교 종이 땡땡땡"부터 쳐보자는 말이다. 어차피 피아노는 감가상각할 것인데.

그래서 거실 한구석 아니면 골방에 처박힌 채 뚜껑을 열어본 지도 몇 년 되는 피아노보다는, 잘 치지 못하더라도 활용하는 피아노로 만드는 일이 중요하다. 집안 분위기가 부드러워지고 텔레비전에 찌든 생활로부터 벗어나게 해주는 계기가 되었다는 것도 말해 두고 싶다.

음악은 듣는 것도 중요하지만 직접 해보는 것이 더욱 중요하다. 미술도 마찬가지이다. 문제는 나도 참여할 수 있다는 자신감이다. 예술은 이론이 아니다. 직접 하는 것이다. 그래서 느끼는 것이다. 예술은 전문예술가의 소유가 아니다. 아이들을 모두 예술가로 키우기 위하여 예술을 가르치는 것은 아니지 않은가.

그러니 예능교육의 방식을 과감히 바꾸어야 한다. 재미나게 배우지 못할 바에야 아예 밖에서 놀게 하는 것이 더 낫다. 예술은 참여하고 느껴야 하는 것이지, 보고 인지하는 이론이 아니다. 이런 단순한 사실을 우리 엄마아빠들이 알아야 한다. 사실은 다 알고 있으면서도, 그저 남들이 하는 대로 따라서 할 뿐이겠지만.

비단 아이들만이 아니다. 어른도 마찬가지다. 느끼고 흥을 내는 일을 술집에서만 하지 말고 집에서 해보는 것도 상당히 괜찮다. 어렸을 적 나는 피아노는 부자들만이 가질 수 있는 것으로 알았다. 사실 그랬다. 그래서 나는 피아노 근처에도 갈 생각을 감히 하지 못했다. 따라서 음악의 세계는 저기 먼 데 있는 것인 줄만 알았다. 그런데 그게 아니었다. 어른도 할 수 있다. 다만 직접 해보겠다는 엄두를 내기만 하면 된다.

더욱이 피아노 소리는 매우 실용적이기까지 하다. 한여름에 눈 오는 기쁨을 맛보게 할 수도 있고, 비 오는 날에도 영화 〈태양은 가득히〉에 나오는 음악햇살을 느낄 수도 있다. 아내가 설거지할 때 남편이 쳐주는 피아노 소리는 설거지의 단조로움을 달래준다. 잘못 누른 건반소리도 거친 멜로디도 다 나름의 역할을 한다. 왜냐하면 아침에 아이들 깨울 때 매우 효과적이기 때문이다.

급기야 나는 한 술 더 떠서 바이올린을 켜보기로 했다. 그러니 우선 바이올린을 장만해야겠다는 생각이 들었다. 인터넷 경매 사이트에 들어가 보았더니 10만 원짜리 중고 바이올린이 나와 있어서 옳다구나 싶어 얼른 샀다. 사고 보니 중고가 아니라 새 것인데 중국산이었다. 어차피 내 처지에 소리만 나면 되는 터라 깽깽이를 켜기 시작했다.

나의 바이올린 독학방법은 간단하다. 서양 현악기 줄은 2줄이든 6줄이든 관계없이 음이 연속적으로 배열이 되어 있기 때문에 높낮이를 옮겨가며 이 음 저 음 맞추어보면 된다. 시간이 좀 걸리겠지만 말이다.

▲ 들리시는가, 〈A better day〉를 치고 있다. 원래 노르웨이 민요를 락으로 바꾸어 만든 곡인데, 한국의 그룹 JTL이 랩으로 번안하여 부른 것이다. 나도 꽤나 컸다.

많은 시행착오 끝에 이제는 바이올린도 제법 켠다. 바이올린 역시 악보 문맹이라 그냥 들은 대로 켠다는 생각으로 오늘도 깽깽대고 있다. 그래도 아내는 들어줄 만하다고 말한다. 고맙다! 마누라여.

정말 신이 났다. 이런 참에 해금이 우연히 생겼다. 그래서 해금을 한번 시도해 보았다. 라디오에서 흘러나오는 해금 소리에 넋이 나간 적이 있었기 때문이다. 그러나 해금 연주는 도저히 불가능하다는 판단을 내렸다.

이유는 간단하다. 현악기라도 우리 전통의 해금 줄은 연속적인 음으로 되어 있는 것이 아니기 때문이다. 손가락으로 줄을 당기는 강도와 활 놀림의 미묘한 차이가 전혀 다른 음을 낸다. 역시 해금은 서양악기와 다른 영혼의 악기라는 것을 느꼈다. 결국 해금을 포기했다.

대신 해금과 비슷한 얼후라는 중국 악기가 있는데, 중국에 있는 후배를 통해서 3만원을 주고 얼후까지 샀다. 그런데 문제는 얼후를 연주하는 것을 한번도 본 적이 없다는 사실이었다. 그래도 까짓것 해금처럼 그냥 깽깽대 보았다. 해금보다는 켜기가 훨씬 쉬웠다. 어느덧 〈동방불패〉 영화에서 흘러나오는 〈소오강호〉를 켜게 되었다.

이렇게 악기 이야기를 장황하게 한 이유는 음악이 전문가만의 것이 아니라는 것을 말하기 위해서이다. 아이들에게 음악교육을

할 때도 아이들의 타고난 소질 탓하지 말고 재미나게 놀 수 있게
끔 악기와 친해지게 하는 것이 중요하다는 생각에는 변함이 없다.
언제부턴가 아이들도 악보 없이 악기를 매만지기 시작했다.

우리 집 고유브랜드 떡고추장

집에서 고추장 만든 일은 더더욱 가관이었다. 냉장고의 냉동실에는 작년 명절 때 집안어른들께서 싸주신 떡이 고스란히 보관되어 있었다. 우리 집에 먹성 좋은 식구도 없고, 차마 버리지는 못하겠고 하여 처치 곤란한 떡들이 쌓여 있었다. 우리는 이 떡들을 재활용하기로 마음먹었다. 작년에 구입한 고추를 방앗간에 가서 빻아와서 고추장을 만들기로 한 것이다. 우선 생협에 가서 엿기름가루를 사와가지고, 냉동실의 각종 떡들에다 집에서 두부 만들고 남은 처치 곤란한 비지, 하다못해 이웃집에서 준 누룽지까지 몽땅 쓸어넣어 엿기름가루로 삭혔다. 팥이 잔뜩 물은 고사떡도 괜찮다.

이렇게 해서 만든 재활용 고추장을 그 어느 고추장 맛에 비할쏘냐. 일단 고추장은 여러모로 성공했다. 그날 밤 우리는 동네의 호프집에서 우리 들만의 자축파티를 열고 서로 자기가 잘했다고 떠들면서 맥주 한잔을 했다.

대개 집집마다 냉동실에는 잔칫집이나 친척집 등에서 싸준 갖가지 떡이 들어 있다. 우리 집도 마찬가지이다. 지난해 추석 때 친정엄마가 싸주신 떡이 남아서, 언젠가 먹겠지 하고 냉동실에 얼려 놓았다. 어디 그뿐인가. 제사지내고 가져온 떡이며 고사떡, 친구네 잔치뷔페에 갔다가 집에서 만들었다며 한가득 싸줘서 가져온 인절미, 이번 설 때도 시어머니께서 어김없이 싸주시는 떡을 차마 거절 못하고 가져온 것이 냉동실을 가득 채우고 있다. 큰일이 아닐 수 없다. 다 먹지 못하고 쌓여만 가니 말이다.

이제 냉동실은 포화상태다. 다른 먹을거리를 넣어두어야 하는데 어디 넣을 데가 있어야 말이지. 나는 머리를 싸매고 궁리하다가, 이 떡들로 고추장을 만들자는 기발한 생각을 해내었다.

꿀떡도 좋다. 시루떡은? 절편은? 인절미면 더 좋고, 아무 떡이라도 상관없다. 하다못해 팥떡도 괜찮다. 나는 냉동실에 들어 있는 각종 떡을 모두 꺼내어 해동시켰다. 우선 성질 급한 독자들을 위해 결론부터 말씀드리는데, 이 떡 저 떡 잡다하게 넣어서 만든 고추장은 맛이 정말 좋았다. 그럼 이제부터 그 사연을 이야기해 보겠다.

한때 외국에 나가서 살았던 한 친구가 말했다. 자기들은 고추장을 먹고 싶어도 한국식품 가게에 진열된 고추장을 사먹을 수가 없었다고 한다. 왜냐고? 너무 비싸서 엄두를 낼 수 없었던 것이다. 그래서 그들은 우연히 손에 넣은 포장용 메줏가루에다 고춧가루를 섞은 다음, 이것을 질면서도 되게 만들 마땅한 재료를 찾다 못해 싸구려 밀가루를 풀어넣어서 고추장을 만들어 먹었다고 한다. 고추장이라고 이름을 붙였을 뿐, 색깔만 벌겋고 그 맛이야 뻔하겠지만, 별 도리가 없으니 고추장으로 알고 먹었단다.

그런데 알고 보면 고추장 제조원리는 간단하다. 밀가루 같은 제대로 된 곡물만 넣으면 되니까 말이다. 요사이 여느 집들과 마찬가지로 우리도 고추장을 얻어다 먹거나 사먹었는데, 메주 만들기에 관심을 두다 보니 자연히 고추장을 직접 만들어 먹자는 생각이 들었다. 고추장에도 메줏가루가 들어가기 때문이다. 이미 메주 만들기의 도사가 되어 있으니 고추장에 못 도전하랴. 그래서 떡도 많이 남은 터라, 새로 찹쌀을 구입하는 대신 이 떡들을 쓰기로 했다. 냉동실에 남아 있는 각종 떡을 다 들어내서 해동하여 커다란 냄비에 넣고는 엿기름으로 삭히기로 했다.

엿기름을 체에 밭여서 커다란 냄비에다 따뜻한 물을 부어 저어가면서 풀어놓는다. 그런 다음 해동된 떡들을 냄비에 넣고 가스불을 최대한 약하게 하여 저어준다. 원래는 따뜻한 아랫목에 놓아두고 느긋이 기다려야 잘 삭지만, 아파트에서 아랫목을 찾는다는 것은 당치도 않으니 약한 불에 냄비를 올려놓고 서너 시간 가량 기다린다. 그러면 딱딱했던 떡들이 신기하게도 물처럼 모두 삭아버린다. 떡이 그리 많지 않으면, 엿기름물에 떡을 담가두어도 삭는다.

떡이 다 삭으면 그 다음날 냄비째로 살짝 끓여서 큰 헝겊자루나 요즘 시장에서 파는 거름용 자루에 넣고 다 걸러낸다. 이렇게 걸러낸 물을 다시 폭폭 끓인다. 아마 끓인다기보다 달인다는 표현이 더 맞을 것이다.

아무튼 끓인 떡즙이 1/2 혹은 2/3 정도로 줄어들면 이것을 충분히 식힌 다음, 거기에다 메줏가루와 고추장용 고춧가루를 넣고 잘 저어주면 일단 성공이다. 하루나 이틀 후에 다시 한번 저으면서

▲ 고추장용 메줏가루를 만들기 위하여 다 뜬 메주를 아예 조각내어 베란다 햇빛에 더 말린다. 고추장용 메주는 바짝 말리지 않으면 방앗간에서 빻아주지를 않는다.
▼ 우리 집 고유 브랜드 떡고추장

소금으로 간을 해야 하는데, 고추장을 처음 만드는 사람에게는 이 간 맞추는 것이 여간 어려운 일이 아니다. 조금 짜다 싶어야 한다.

어떤 떡으로든 고추장을 만들 수 있다는 것은 결국 찹쌀 외에도 쌀, 팥, 보리 등 각종 곡식이 다 고추장 재료로 쓰일 수 있다는 말과 같다. 하다못해 두부를 만들면 나오는 비지도 괜찮다. 생지비든 아니면 삭힌 비지든 관계없이 같이 섞어서 만들어도 된다.

요즘 가정에서도 매실효소를 많이 만드는데, 매실의 액즙이 설탕물에 쪽 빠지면 매실은 건져내고 이 액즙을 한 일년 정도 익히면 매실효소가 된다. 또 이 액즙에다 메줏가루, 고춧가루를 넣거나 해서 고추장을 만들어도 좋다. 매실을 넣는다고 매실고추장이라고 하는데, 약간 묽게 담가서 초고추장 대신 먹으면 그 맛을 뭐라 표현할 수 없을 뿐 아니라 건강에도 매우 좋다. 따로 양념할 필요가 전혀 없다.

고추장 담글 때 사용하는 고추장용 메주와 된장용 메주가 다르기는 하지만, 기본 원리는 똑같다. 예를 들어 언젠가『작은 것이 아름답다』에 소개된 어느 할머니의 고추장 담그기를 응용해 보았다.

콩과 찹쌀을 2 대 5 비율로 각각 물에 불려 찐 다음 찧어서 고추장용 메주를 초코파이만하게 동그랗게 빚는다. 손에 많이 묻으니 랩으로 만들면 좋다. 그런 다음 꾸덕꾸덕 말려서 짚 위에서 띄운다. 방에 놓으면 냄새가 많이 나므로, 베란다에 상자를 놓고 짚을 깔아 그 위에 놓고 띄운다. 깨끗한 손으로 만지면 된다. 메주가 뜨면서 진이 나오는데 계속 뒤집어주면서 말린다. 딱딱해지면 잘게 부수어서 속까지 딱딱해지도록 말린다.

다 마르면 방앗간에 가서 빻아 온다. 고추장 메주라 하면 알아서 다 빻아준다. 조심하시라. 바짝 말리지 않은 것을 가지고 가서 빻아달라고 하면, 방앗간 아저씨가 다시 말려가지고 오라고 호통을 치니까. 다시 한번 강조하지만, 고추장용 메주는 대충 띄운 다음 말리고 다시 잘게 쪼개어 또다시 바짝 말려야 한다. 고춧가루 빻기도 마찬가지다. 일반 고춧가루용 고추는 웬만큼 말라도 되지만 고추장용 고추는 바짝 말려서 빻아야 한다.

이렇게 만든 메주를 이용해서 앞에 설명한 대로 고추장을 담그면 된다. 그런 다음에는 고추장을 잘 익히는 것이 중요하다. 적당한 항아리에 고추장을 넣고 망으로 덮어 베란다에서 2~3일 말린다. 2~3일 후에 윗면이 꾸덕꾸덕해지면 굵은 소금을 한줌 뿌려둔다. 그리고는 한 달 정도 지나면 맛있는 고추장이 된다. 어려울 것 없다.

이제는 그저 그렇고 그렇던 떡이 다시 보일 것이다. 먹을거리의 재활용과 더불어 우리 집 고유의 고추장이 탄생하게 되는 것이다.

방앗간은 살아 있다

남편 말에 의하면 방앗간의 각종 기계는 100퍼센트 순수한 토종 아이디어로서, 한국인의 대단한 일상 기술문화의 산물이란다. 비록 절구방아, 연자방아, 디딜방아, 물레방아는 없어졌지만, 기계 방앗간에 그 흔적이 고스란히 남아 있다고 한다. 남편은 또 무슨 말을 하려나?
어쨌든 남편이 방앗간까지 와서 저렇게 기다리고 있으니 얼마나 좋으냐는 둥, 할머니들이 남편 칭찬을 하시면 어느새 남편은 사라지고 만다. 이렇게 말의 물꼬가 터지니 할머니들은 이야기보따리를 술술 풀어놓으신다.

요즘 마트에 가보면 생식이니 선식이니 하면서 곡식류를 빻아 말린 기성제품들이 즐비하다. 선식은 미숫가루와 비슷하지만, 미숫가루는 쪄서 말린 것이고 선식은 생으로 빻은 것이다. 사실 선식이라는 말은 장사하는 사람들이 멋있게 갖다 붙인 것인지라, 왠지 쓰고 싶지 않아 대신 곡물가루라고 부르고자 한다.

이런 곡물가루는 출근시간에 쫓기는 사람들에게 아침식사 대용으로 많이 애용되는 것 같다. 물론 시간에 쫓겨서 밥대신 곡물가루를 먹기도 하지만, 건강식으로 먹기도 한다. 확실히 곡물가루는 허기도 가시게 해주려니와 몸에도 좋은 것 같다.

문제는 시장에서 파는 곡물가루를 얼마나 신뢰할 수 있느냐 하는 것이다. 그리고 알곡을 생으로 먹을 경우 위장에 부담이 되는 것은 분명한 사실이니 자기 몸에 맞추어 먹어야 한다. 뿐더러 생식가루를 내는 곡물의 원산지와 농약살포 여부 등의 문제들을 확실히 보장받지 못한 경우 오히려 선식의 의미는 없어진다. 그래서 원산지와 농약 치지 않은 것이 보장된 곡물을 사가지고 집에서 직접 만들어 먹는 것도 좋다. 물론 그럴 만한 마음의 여유와 시간이 있을 경우에만 그렇다는 말이다.

가끔 나는 곡물가루를 먹는데, 때를 정해 놓고 먹기보다는 아무 때나 식사대용으로 곡물가루를 먹곤 한다. 기본 재료는 쌀과 현미, 검은콩과 검은깨이다. 나는 생으로 간, 이른바 선식보다는 볶아서 빻은 곡물가루를 권하고 싶다. 생 곡물은 앞에서 말했듯이 위장에 부담이 가고 소화가 잘 안 될 수 있기 때문이다. 대단한 건강식으로 먹기보다는 일상생활에서 쉽게 먹을 수 있는 것이 더 중요하다.

콩과 깨는 번개처럼 휙 씻어서 물기를 빼자마자 노릇노릇하게 김이 나서 다 빠질 때까지 볶는다. 고소한 향내도 나고 몇 알 먹어

▶ 붉은색 옥수수와 누런색 옥수수 씨앗을 2년 정도 서로 곁에 심어 놓았더니, 이렇게 색이 뒤섞인 혼종이 탄생했다. 자연은 속이는 법이 없다.

봐서 포슬포슬 씹히는 맛이 있을 때까지 볶는다. 이쯤 되면 주걱에 닿는 알곡의 힘이 가벼워지는데, 이렇게 되면 다 볶은 것이다.

그런 다음 빻으면 된다. 빻으려니까 기계가 필요해서, 할 수 없이 가전제품 가게에 가서 3만 원짜리 가정용 다용도 분쇄기를 샀다.

이 역시 처음 해보는 일이라 실수가 많았다. 우선 콩과 깨의 볶는 시간이 다르고, 콩도 콩나물콩과 검은콩 볶는 시간이 다 다르다. 너무 타서도 안 되지만, 덜 볶으면 잘 빻아지지가 않는다. 분쇄기로 빻는 것 역시 볶은 상태에 따라 빻아지는 정도가 다르며,

깨를 콩처럼 빻으면 기름이 나와서 가루의 맛이 떨어진다. 쉬운 것이 하나도 없다. 그래도 집에서 먹을 정도의 소량은 큰 문제가 없다. 식구들이 맛있다며 우유나 찬물에 타서 먹었다.

이번에는 양을 좀 많이 하고 싶은 욕심이 생겼다. 양이 많아지면 가정용 분쇄기로는 하기 어렵다. 그래서 우리는 볶은 콩을 들고 방앗간을 찾아갔다. 그런데 방앗간 주인은 콩을 볶은 지 너무 오랜 시간이 지나 시원치 않게 빻아진다고 말한다. 곡물은 볶고 나서 열이 다 빠지면 곧바로 빻아야 하는데, 시간이 너무 지나 다시 눅눅해졌기 때문이라는 것이다. 어쩔 수 없이 대충 빻아가지고 왔다.

그런데 알고 보니 방앗간에서는 볶아서 빻아주는 이른바 원 스톱 체제가 되어 있지 않은가. 우리는 머릿속으로 빨리 계산을 해보았다. 어느 방법이 더 효과적인지. 방앗간에서 볶고 빻는 것이 훨씬 효율적이라는 판단을 했고, 결국 집에 있는 분쇄기의 쓸모는 떨어지게 되었다.

집에 남아 있는 메주콩, 검은콩, 쥐눈이콩, 콩나물콩 등 각종 콩을 이렇게 다 빻아서 한꺼번에 섞어 보관용 통에 넣어두었다. 어차피 우리가 먹을 것이니 상관없다. 여기다 검은깨 빻은 것까지 섞어서 우유에 타놓으니까 아침마다 가족들이 맛있게 마신다. 사실 마신다는 표현은 적절치 않다. 씹지만 않을 뿐이지, 먹는다고 하는 것이 더 좋을 것이다.

우리 집 아이는 어릴 때 천식기가 있어서 무척 고생을 한 터라, 커서 천식은 없어졌지만 먹성이 별로 좋은 편이 아니다. 콩은 잘게 빻아도 되지만 깨는 잘게 빻으면 기름이 나오기 때문에 성글게 빻아야 한다. 그렇지 않아도 입이 짧은 아이는 검은깨 가루를 우유에 타주면 목에 걸린다고 꽤나 말이 많다. 이럴 때는 검은깨를 미리 먹어두지 않으면 아빠처럼 머리카락이 빨리 하얘진다고 한마디 툭 던진다. 그러면 군소리 안 하고 잘도 먹는다. 흐흐, 부모도 전략이 필요하다니까….

우리는 방앗간에 가면 주인할머니와 마실 나온 동네 할머니들의 말씀을 귀담아듣곤 했다. 자연히 방앗간에서 곡물가루 만드는 여러 가지 방법을 알게 되었다. 옛날에는 방앗간 하면 쌀을 정미하고 떡 하는 곳인 줄로만 알았는데 그게 아니었다. 방앗간은 일상 식생활의 많은 노하우를 간직한 곳이었다. 멧돌로 갈아 두부 만드는 것이 너무 힘들어 방앗간엘 갔다.

〈오마이뉴스〉에 어떤 분이 방앗간에 가서 갈아오는 법을 올려놓았기에 두부를 만들기 위해 물에 불린 콩을 물기를 빼고 떡 하듯이 방앗간에 가져갔더니 콩이 덜 불었다고 하기에 좀더 불려서 다시 가지고 갔더니, 아니 글쎄 기계에다 물과 함께 넣고 단숨에 드르륵 갈아버리는 것 아닌가. 그 고생을 하면서 멧돌로 갈았는데 말이다. 물론 멧돌로 간 그 손맛을 기계가 결코 따라올 수는 없을

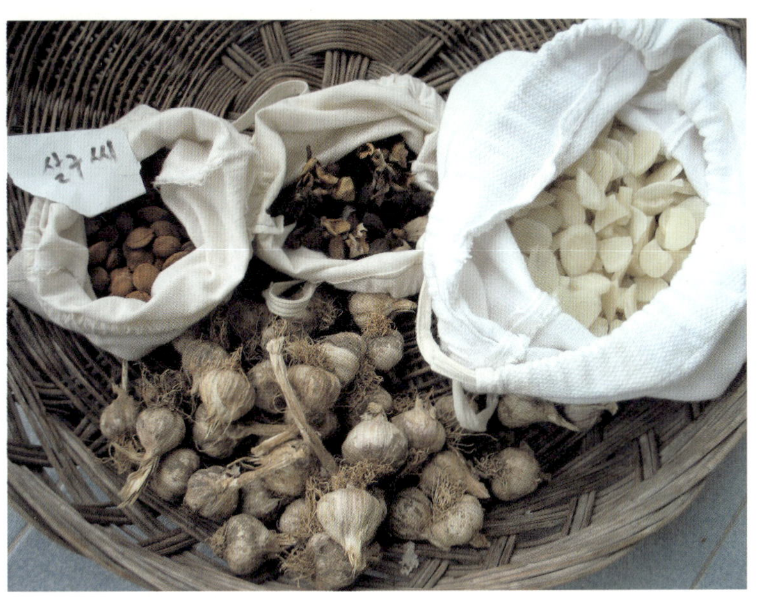

▶ 장에 나온 할머니들 흉내내기

테지만 아무튼 기계가 좋기는 하다.

　게다가 앞에서도 말했지만 고추장용 고춧가루와 여느 고춧가루는 말리는 정도가 다르다. 그래서 방앗간 아저씨의 손을 거쳐 제대로 말렸는지 점검을 받아야 한다. 집에서 자연볕에 말린 고추는 한번만 빻으면 되지만, 시장에서 산 말린 고추는 세 번은 빻아야 한단다. 가래떡은 또 어떤가. 방앗간에서 가래떡을 해서 썰어 가지고 냉동실에 보관해 두었다가 국에 넣거나 떡볶이를 해주면 아이들이 그렇게 좋아할 수 없다. 나도 좋지만 말이다.

▶ 고춧가루를 빻고 옥수숫가루도 빻아서
▼ 메줏가루와 함께 고추장을 만드니, 이름하여 우리집에만 있는 옥수수고추장이 되었다. 그 맛은 말
로 설명할 수 없다.

방앗간에 가서는 할 것을 맡겨두고 나중에 가서 찾아오기보다는, 다 될 때까지 옆에 죽치고 앉아 거들어주다 보면 얻어듣는 게 많다. 혹시 떡을 한다면, 방앗간에 놀러 오셔서 이런저런 얘기하시며 소일하는 할머니들에게도 좀 나눠드리고 오시라. 물론 다음번에 방앗간에 가면 그분들과 금방 친해지게 된다.

사실 남편과 함께 방앗간에 오는 사람은 거의 없다고 한다. 남편은 처음에는 멀뚱멀뚱 방앗간 주변에서 맴돌더니, 어느덧 방앗간 안에서 돌아가고 있는 각종 기계를 유심히 관찰하는 버릇이 생겼다. 이럴 때는 메모까지 한다.

벨트에 의한 힘의 전달방식, 갈고 바수고 찧고 빻고 치대고 쓸고(현미껍질 벗기는 것을 말하는데 도정이라고도 함) 하는 다양한 힘들을 어떻게 기계로 할 수 있는가를 연구한다는 것이다. 나 참. 남편 말에 의하면 방앗간의 각종 기계는 100퍼센트 순수한 토종 아이디어로서, 한국인의 대단한 일상 기술문화의 산물이란다. 비록 절구방아, 연자방아, 디딜방아, 물레방아는 없어졌지만, 기계 방앗간에 그 흔적이 고스란히 남아 있다고 한다. 남편은 또 무슨 말을 하려나?

어쨌든 남편이 방앗간까지 와서 저렇게 기다리고 있으니 얼마나 좋으냐는 둥, 할머니들이 남편 칭찬을 하시면 어느새 남편은 사라지고 만다. 이렇게 말의 물꼬가 터지니 할머니들은 이야기보따리를 술술 풀어놓으신다.

장항아리에 곰팡이 끼지 않게 하는 방법, 메줏가루로 된장을

▶ 비록 절구방아, 연자방아, 디딜방아, 물레방아는 없어졌지만, 기계 방앗간에 그 흔적이 고스란히 남아 있다고 한다.

담글 때 너무 빨으면 된장국물이 탁해진다는 사실, 고추씨를 갈아서 된장에 넣으면 칼칼하고 맛이 한결 나아진다 등등은 모두 할머니들에게서 전해 들은 생활의 지혜들이다.

방앗간은 살아 있다. 아직도 재래시장 한구석에서 방앗간은 돌아가고 있다. 방앗간 갈 때는 대개 짐이 무거울 테니 남편이나 아들이 도와주기만 한다면 방앗간은 여전히 우리 식생활 문화의 중심이 될 수 있다.

아니 지금이 얼마나 바쁜 세상인데 젊은 부부가 방앗간 갈 시간이 되느냐고 반문할 수도 있다. 맞는 말이다. 그렇지만 우리 부부는 방앗간 가는 시간을 부부화합의 시간으로 여긴다. 일부러 시간을 내어 방앗간을 간다는 말이다. 왜 옛말에도 물레방앗간에서 젊은 청춘의 만남이 있었다는 이야기가 있잖은가.

07

가자미와 오징어,
명란이 노닐던 주문진 포구

찬거리로는 역시 보관도 오래할 수 있고 맛깔 있는 젓갈을 직접 담가 먹는 것이 최고다. 가장 흔한 것이 오징어젓과 명란젓이다. 오징어젓은 우선 싱싱한 오징어를 사가지고 칼로 젓갈 크기만큼 썰어야 하는 데, 양이 많을 때는 아파트에서 오징어 써는 일만 해도 만만치가 않다. 그래서 우리는 아예 포구의 좌판 횟집에서 기계로 젓갈용 오징어 크기로 썰어달라고 한다. 대개 천원이면 되지만, 횟집 주인아저씨의 인상이 좀 고약해 보이면 천원 더 드리고 잘 부탁하면 다 썰어준다.

우리는 일년에 두어 번 정도 주문진 포구시장을 간다. 우리가 사는 곳에서는 시간 반이면 갈 수 있기 때문에, 토요일 오후 3시쯤 출발하여 주문진에 도착하여 장보고 밥 먹고 집에 들어오면 9시 반쯤 된다. 서울에서 주문진까지는 부담 없이 나서기에는 좀 먼 거리이지만, 그래도 일부러라도 여유를 내어서 가볼 만하다.

바다는 해수욕하러만 가는 곳이 아니다. 자동차 연료비는 빠질 수 있으니까 생선 사러 가는 맛도 괜찮다. 두 가족 정도가 함께 가면 돈을 더 절약할 수 있다. 아니면 생선이 필요한 주변사람들에게 주문을 받아서 한꺼번에 사가지고 오면 더 좋다.

포구에 가면 생선회를 먹게 마련이다. 하지만 우리는 회를 먹어도 만 원 어치 이상은 절대 먹지 않는다. 주문진 같은 큰 포구말고 주변 동네의 작은 포구로 가면 그곳 어촌계 아줌마들이 생선을 파는데, 이런 곳에서는 대개 1만 원이나 2만 원 단위로 팔며 양식 생선도 아니다. 아줌마들에게 생선을 사가지고 옆의 포장마차에 들어가면 단돈 2천 원에 먹기 좋게 회를 떠서 야채와 고추장까지 곁들여준다. 그래도 집에 가져갈 생선은 주문진항이나 대포항처럼 큰 포구가 가장 싸다.

아마 이곳에서 가장 싸고 흔한 게 꽁치와 가자미 그리고 오징어일 것 같다. 1만 원이면 그날 아침에 잡아온 싱싱한 꽁치를 50마리는 너끈히 살 수 있으니 말이다. 하지만 요즘은 꽁치를 좀체 사지 않는다. 싸고 싱싱하기는 하지만, 집에 와서 그 많은 꽁치를 다듬으려니 몸이 보통 힘든 게 아닌데다 그러잖아도 좁은 부엌 꼴이 말이 아니게 되기 때문이다.

꽁치에 비하면 가자미는 발라낼 내장이 별로 없어서 다듬기가 편하다. 꼬리와 머리 부분만 잘라내고 잘 다듬어 물에 씻어서 서너 마리씩 재활용 비닐봉투에 싸서 냉동실에 넣어두고는 한 덩어리씩 내어서 구워먹거나 찜을 해서 먹는다.

▲주문진 포구에 닻을 내린 큰 배들

　이렇게 하면 오늘은 반찬을 무얼 해먹지 하는 걱정도 좀 덜어지고 먹을거리 구입비도 조금은 절약된다. 그래도 역시 보관도 오래할 수 있고 맛깔 있는 젓갈을 직접 담가 먹는 것이 최고다. 가장 흔한 것이 오징어젓과 명란젓이다.

　오징어젓은 우선 싱싱한 오징어를 사가지고 칼로 젓갈크기만큼 썰어야 하는데, 양이 많을 때는 아파트에서 오징어 써는 일만 해도 만만치가 않다. 그래서 우리는 아예 포구의 좌판 횟집에서 기계로 젓갈용 오징어 크기로 썰어달라고 한다. 대개 천 원이면 되지만, 횟집 주인아저씨의 인상이 좀 고약해 보이면 천 원 더 드리고 잘 부탁하면 다 썰어준다.

명란젓은 당연히 생란으로 담가야 한다. 하지만 요즘 명란의 원산지는 불분명하기 짝이 없다. 물론 국산도 있겠지만 대개가 러시아산이다. 주문진에서 파는 생태도 국내산이라고 장담하기 어려운 실정인데, 하물며 생선 뱃속에 들었던 알이야 더 말할 나위가 없을 것이다. 그래서 이제는 생태를 살 때 원산지를 따지지도 않거니와, 그나마도 비싸서 자주 사지 못한다. 더욱이 생란은 파는 데가 매우 드물어, 포구 앞의 재래시장에도 두 군데밖에 없다.

알이 꼬들꼬들하고 알집 모양도 괜찮은 것은 비싸고 알집이 흐물흐물한 것은 싼데, 알아서 사면 된다. 집에서 먹을 거라면 굳이 모양을 따질 필요는 없을 것 같다. 알집 모양이 흐물어져도 상관없지만, 대신 알 하나하나가 꼬들꼬들해야 한다.

앞에서 원산지 이야기를 했지만 사실 소금에 절인 명란은 주문진까지 가지 않아도 서울의 중부시장에서도 싸고 괜찮은 것을 살 수 있다. 어차피 생란을 소금에 절일 것이므로 절인 생란을 사고자 하면 중부시장도 괜찮다. 서울에 살고 또 명란젓만 만들고자 한다면 중부시장을 권하고 싶다.

명란젓이나 오징어젓이나 양념은 비슷하므로 명란과 오징어를 함께 이야기하는 것이다. 이제 만드는 방법을 말해 보겠는데, 주문진 포구 앞의 재래시장에서 생란을 파시는 할머니가 자세히 가르쳐준 내용이다. 우리는 그 할머니가 가르쳐주신 명란 담그는 법에다가 인터넷에서 찾은 방법을 응용하여 가끔 명란젓을 담가 먹는다. 그래서 우리 집에서는 명란젓만큼은 마음껏 먹는다.

시중에 파는 완제품 명란젓에 비해 포구나 큰 시장에서 사는 생란의 가격은 반의 반밖에 되지 않는다. 적당한 생란을 사서 가게주인에게 소금을 뿌려 달래서 집에 가지고 온다. 우리 가족은 명란젓을 먹을 때면 늘 하는 말이 있다. "이 비싼 명란젓을 이렇게 푸짐하게 먹을 수 있다니."

그럼 만드는 방법을 구체적으로 알아보기로 하자. 사실 인터넷에 들어가면 명란젓 만드는 방법이 다 나와 있다. 하지만 어찌나 어렵게 써놓았는지, 의외로 그 말을 이해 못하는 사람이 많다. 우리의 경험을 바탕삼아 쉽게 풀어서 이야기해 보겠다.

명란젓을 담그는 첫번째 과정은 소금에 절이는 일이다. 알 무게의 약 15% 정도 되는 양의 소금을 뿌리면 된다. 당연히 소금을 적게 하면 빨리 먹어야 하고 많이 뿌리면 오래 먹을 수 있지만 짜다. 요즈음은 옛날과 달리 명란젓의 염도가 점점 낮아지는데, 그만큼 덜 짜게 만들어서 많이 먹는다는 말일 것이다. 그러니 자기 집의 입맛에 맞게 소금의 양을 조절하면 된다.

알을 잘못 사서 꼬들꼬들하지 않으면 그 알은 미숙란 아니면 과숙란이라는 뜻인데, 그렇다고 먹지 못하는 것은 아니다. 이때는 소금을 좀더 많이 뿌려서 버무리면 된다. 아니면 소금물에 담가놓아도 된다. 이렇게 해서 하룻밤 정도 절여두면, 생란의 알주머니가 약간 꼬득거리게 된다. 염분이 들어가 알집의 물기가 빠지기 때문이다.

이제 소금물을 만들어 그 물에 생란을 담그고 까만 줄을 일일이 뜯어낸다. 이 까만 줄은 핏줄인데 하나하나 떼어내려면 여간 인내심이 필요치 않는다.

그런 다음 한번 더 씻고 싶으면 역시 소금물을 만들어 그 속에서 체로 건져낸다.

물기가 빠질 동안, 다른 그릇에다 곱게 간 고춧가루, 까나리액젓, 다진 마늘과 생강, 엿기름을 넣어 잘 섞는다. 물기가 다 빠진 생란을 이 갖은 양념과 함께 넣어 살살 버무린다. 입맛에 따라 설탕과 참깨를 넣을 수도 있다. 하지만 우리 집은 화학조미료를 일절 쓰지 않는다. 양념만 잘하면 인공조미료를 넣지 않아도 맛만 좋다.

양념을 다한 생란은 알집이 잘 살아나도록 그릇에 차곡차곡 넣는다. 그리고 맨 위에다 남은 양념을 충분히 뿌리고 소금을 뿌린 다음, 서늘한 곳에 보관한다. 절일 때 소금의 양을 얼마나 했는지에 따라 3~8일 정도 숙성시키면 맛이 골고루 밴다. 숙성한 뒤에는 냉장고에 보관을 하면 된다.

그런데 집에서 숙성시간을 조절하기가 쉽지 않기 때문에, 우리는 만들어서 곧바로 냉장고에 넣어 숙성시킨다. 이 방식도 일종의 저온숙성이다. 이럴 경우에는 20일쯤 두면 맛이 골고루 배므로 그때부터 먹으면 된다.

시장에서 파는 명란젓은 염도가 낮은 대신 방부처리를 하기 때문에 저온보관을 해도 되지만 집에서는 너무 오래 보관하겠다는 욕심을 버려야 한다. 그래야 자연의 싱싱한 맛을 느끼며 맛있게 먹을 수 있다.

오징어는 생란보다 단단하기 때문에 젓갈 만들기가 훨씬 쉽다. 게다가 돈도 별로 들이지 않고 오징어젓을 만들어 주변사람들에게 조금씩 나누어줄 수 있어서, 생색내기에도 그만이다.

만드는 법을 또 한번 듣기보다는 명란젓 만드는 방법을 응용해 보시면 된다. 우리도 처음부터 잘되었으니까, 한번 엄두를 내보면 뿌듯해질 것이다.

이왕 젓갈 이야기가 나왔으니, 젓갈의 왕자라 하는 새우젓과 가자미 식해 중에서 가자미 식해에 대해서 말해 보겠다. 동해안 포구에서 또 흔한 것이 가자미이다. 한 접시에 만 원씩 하는데 어떨 때는 접시에 20마리나 올라와 있기도 한다.

이렇게 사가지고 온 가자미를 한동안 구워먹기만 하다가 문득 가자미 식해를 만들어 먹고 싶은 생각이 들었다. 그래서 인터넷을 뒤져서 일단 만드는 방법들을 모아놓았다.

나는 가자미를 무척 좋아하는지라 구워서도 먹고 칼칼하게 양

넘을 하여 쪄서 먹기도 한다. 그래도 역시 가자미 식해만은 못한 것 같다. 서쪽에서는 홍어회라면, 동쪽에선 가자미 식해라고 감히 말하고 싶다.

포구에 가서 꾸들꾸들하니 반쯤 말린 손바닥만한 가자미를 샀다. 구워먹을 것이라면 아무 가자미든 맛이 괜찮지만, 식해를 만들려면 반드시 참가자미를 사야 한다. 참가자미는 대체로 크기가 작은 편이고 배에 노란 줄이 나 있어 쉽게 알 수 있다.

흔히 사람들이 잘못 알고 있는데, 포구에서 파는 생선은 그곳에서 잡아들인 줄 알지만 절대 그렇지 않다. 큰 포구에 붙어 있는 시장이나 횟집에는 어쩌면 수입산이나 양식한 생선이 더 많을 수도 있다. 물론 배가 들어오는 새벽부터 경매가 끝나는 오전 시간대에 포구에 가면 정말 포구의 배가 직접 나가서 잡아들인 싱싱한 생선을 살 수 있지만, 그렇다 하더라도 횟집에서 파는 생선은 동해안·서해안·남해안에서 잡은 생선들이 뒤섞여 있거나 아니면 중국산일 수 있다.

그래도 말린 참가자미는 동해안에서 직접 잡은 것이니 안심해도 된다.

우선 가자미의 내장을 빼내고 깨끗이 씻어서 소금을 뿌려 잠시 둔다. 그런 다음 적당한 크기로 잘라야 하는데, 폭은 약 1센티미터 길이는 5센티미터 정도로 하면 된다. 여기에다 체로 친 고운 엿기름가루와 소금을 뿌리고 하루이틀 정도 삭힌다.

무도 가자미와 비슷한 크기로 썰어서 소금을 뿌려둔다. 조밥은 물과 조를 1 대 1 비율로 해서 하는데, 메조로 하는 것이 좋다.

조밥을 다 식힌 다음에 절인 무와 가자미를 함께 넣고 마늘, 고운 고춧가루, 소금 등 갖은 양념을 넣어서 버무리면 식해 만들기 끝이다.

이렇게 양념한 식해를 15~20일 냉장고에 넣어두면 묘한 맛이 살아난다. 밖에 두지 않는 것은 매일 열어볼 수도 없거니와 혹시 너무 익어서 냉장고에 넣을 시기를 놓칠까 봐서이다.

입맛 없을 때 이 가자미 식해를 밥에 얹어 먹으면 아주 그만이

다. 가자미 식해는 뼈가 다 삭아야만 제 맛이 나는데, 우리는 그
새를 참지 못하고 뼈가 삭기도 전에 다 먹어버렸다. 그만큼 맛이
있다. 맛도 맛이려니와 돈이 적게 들어서 좋다. 시장이나 백화점
에서 가자미 식해를 사다 먹으면 너무 비싸서 몇 점 먹지 못할 것
을 푸짐하게 먹을 수 있으니 말이다.

08

아이들과 놀자

밀가루와 소금의 양을 1 대 1 비율로 섞어 곱게 반죽을 하여 아이들에게 조금씩 떼어주어서 만들라고 해도 된다. 아이들이 만든 밀가루작품을 적당히 말린 후 오븐에 구우면 딱딱해진다. 여기다 색을 칠할 수도 있다. 우리 집에는 오븐이 없어서 남의 집에 가서 굽기도 했지만, 밀가루 조각을 베란다에 그냥 말리기만 해도 아이들은 좋아한다. 아이가 커서 정교한 작품을 만들고 싶어하면 지점토나 고무찰흙으로 하면 더 좋다. 한번은 고무찰흙으로 40종에 이르는 수많은 컴퓨터게임 캐릭터들을 콩알 크기만하게 만들어놓은 것을 보고 잠시 동안 아이들이 컴퓨터게임 하는 것을 눈감아주기도 했다. 재료를 사다주거나 사라고 돈을 주고 말 것이 아니라, 텔레비전을 잠시 끄고 어른이 솔선수범하여 아이와 함께 만드는 모습을 보여주는 것이 가장 중요하다고 생각한다.

아이들과 잘 놀기 위해서는 엄마아빠가 아이들의 특성을 잘 헤아려야 한다. 자세히 살펴보면 아빠가 아이들과 놀아줄 때와 엄마가 아이들과 놀아줄 때가 차이가 난다.

아빠는 온몸으로 놀아준다. 정말 성심성의껏 자기 몸을 움직여서 놀아준다. 그러다 보니 아빠에게 두세 시간 이상 놀아주라고 요구하면 아빠는 지쳐서 나가떨어진다. 이와 달리 엄마는 아이에게 놀잇감을 마련해 주거나 아니면 몸을 조금만 움직여서 놀아준

▼둘째아이가 초등학교 시절 컬러 찰흙으로 만든 게임 캐릭터. 집에 놀러 오는 꼬마손님들에게 큰 인기를 모았다. 오래 놔두면 단단하게 굳어요.

다. 다시 말해 엄마의 몸놀림은 아이들의 몸놀림 색깔에 맞추어 어울림을 일으키기 때문에 큰 힘 들이지 않고서도 잘 논다는 뜻이다. 아빠는 열심히는 하지만 몸놀림의 조화가 어색해서 당연히 힘들 수밖에 없다.

이렇게 아이들과 노는 엄마아빠의 모습은 다르지만, 각자의 구실이 나름대로 중요하다. 서로 장단점을 가지고 있기 때문에 서로의 모자란 점을 채워줄 수 있다.

아이들 말에 귀를 기울이는 일은 정말 중요하다. 아무리 하찮은 것이라도 아이들의 말과 몸이 원하는 것이 무엇인지 먼저 귀기울여주고 응대를 해주어야 한다.

말이 그렇지 결코 쉬운 일은 아니다. 엄마가 아이 말을 들어주

▼ 고무찰흙 인형들

는 그 모습에서, 아이는 자신이 원하는 내용과 관계없이 안도감을 가지게 된다. 그러면서 아이는 스스로를 환경에 맞추어 적절한 처신을 하게 된다.

놀아달라고 할 때 놀아주는 것이 가장 좋다. 놀아달라는 말을 하지 않을 때는 그냥 두면 된다. 이럴 때는 대개 혼자서 놀 거리가 있기 때문이다. 아이들이 부산한 것만큼이나 매우 조용한 아이의 행동을 못마땅하게 여기는 엄마도 있는데, 아이들도 스스로 생각을 하게끔 내버려두는 그런 보이지 않는 사랑이 중요하다.

아이들을 키우면서 항상 즐거울 수만은 없다. 그래도 부모는 계속 노력을 해야 한다. 짧다면 짧은 인생에 즐거운 어린 시절을 만들어주는 것이 부모의 역할이 아닌가 싶다. 바깥일이 아무리 힘들어도, 살아가는 일이 잘 풀리지 않아 속상해도, 앞일을 헤쳐나가는 엄마아빠의 진지한 모습을 있는 그대로 보여주면 된다.

우리 아이들이 대여섯 살 무렵이었을 것이다. 그때 우리는 경제적으로 무척이나 힘든 시기였다. 어느 날 큰아이가 아빠한테 이런 말을 하더란다. 아마 그날 남편은 무슨 일이 있어 찌푸린 얼굴을 하고 있었던가 보다. "아빠, 아빠가 엄마야? 얼굴이 왜 그래?" 늘 웃는 아빠의 표정이 잠깐 짜증어린 표정으로 바뀌자, 달라진 모습을 본 아이가 그렇게 말했던 것이다.

나중에 그 말을 듣고 나는 많이 반성했다. 힘든 살림살이에 치여서 표정관리도 제대로 못했구나 하는 부끄러움 때문이었다. 그 후로 아이들한테 엽기 엄마란 소리를 들을 정도로 아이들에게 즐겁게 보이려고 내 딴에는 부단히 노력한다.

아이들이 어릴 때 책을 참 많이 읽어주었다. 책을 읽어주면서 엄마로서 느낀 것이 많다. 엄마아빠의 상상력 속에만 아이를 가두어놓으면 안 된다는 것이다.

그림책을 읽어주다 보면 책에 씌어져 있는 글자뿐 아니라 그 그림의 세세한 모습을 모두 다 얘기해 줄 수 있다. 손가락 모양, 손톱의 색깔 등, 그림은 글자 이상의 무궁무진한 이야기를 만들어준다. 그림 한 장 가지고 두세 시간 얘기할 수도 있다. 그렇게 서로 얘기를 주고받는 속에서 말의 쓰임이가 늘어나고, 미묘한 색감의 차이를 느끼고, 형태의 전체적 형상을 한번에 파악할 수 있게 되는 것 같다.

▶도자 흙으로 만든 공룡과 소꿉장난 그릇. 우리 아이가 초등학교 4학년 때 만든 작품이다.

그런데 학습지 같은 것을 아이들에게 내던져주고 공부하라는 식으로 말하게 되면, 이와 같은 씀씀이나 미묘함, 형상파악을 기대할 수 없다. 아이들의 학습지를 한번 보자. 늘 똑같은 모양의 사과, 수박 따위가 그려져 있다. 결국 사과의 모습과 색깔이 그 안에 가두어지게 되고 아이의 상상력은 나날이 빈약해질 따름이다. 그래서 학습지는 아이들을 풍요로운 생각의 바다로 이끌어주지 못한다. 다시 말해 실로 겁나는 일이 아닐 수 없다.

사과 한 알을 보더라도 그 모습이 다양해질 수 있다는 것을 느끼게 해주는 것이 바로 놀이의 근본이다. 오직 교육만을 위한 놀이가 아니라, 넓게 느끼고 생각의 나래를 펼치도록 도와주는 놀이

여야 한다. 집 안에 있는 물건들을 하나하나씩 다 그리게 해보라. 자기 주위에 있는 것들을 놀랍게도 잘 그려낸다.

한번은 세 살배기 아이가 공책크기 반만한 작은 종이에 커다란 동그라미와 무수히 많은 점을 그려놓는다. 그러기를 삼십 분은 족히 더 되었을 것이다. 다 그렸다며 보여주기에, 무엇을 그렸냐고 물어보았더니 우리 집에 손님들이 많이 와서 둘러앉아 음식을 먹고 있는 모습이란다.

그러니 어른의 틀 속에 아이들을 가두지 말아야 한다. 아이들이 괜히 하는 짓이란 없는 것 같다. 이유 없는 무덤이 없다는 둥, 어른들은 자기의 행동과 생각에 그럴듯한 이유를 다 붙이면서도 아이들에게는 쓸데없이 허튼짓 한다고 야단친다. 한번 생각해 보시라, 얼마나 앞뒤가 맞지 않은지.

우리 역시 부모가 되어서야 겨우 깨달은 것이다. 아이들을 사랑하되 간섭하지 말아야 한다는 것은 참으로 중요하고 명심해야 할 말이다. 흔히 아이 키우기가 도 닦는 일과 같다고들 하는데 전적으로 동감한다.

남자아이들은 좀 크면 집 안을 휘젓고 다니며 이것저것 만들기 때문에 치우느라 바쁘다. 한번은 사내아이인 둘째 놈이 아파트의 재활용 쓰레기통에서 빈 박스들을 주워모아 오더니, 며칠 동안 친구들까지 집으로 불러대어서 그 박스들로 로봇을 만든다고 야단법석을 부렸다. 커다란 종이박스를 오려놓은 조각들이 가뜩이나 좁은 집을 가득 메울 정도였다. 그즈음 마침 손님이 오셨다. 잠시 동안만이라도 다른 친구 집에 가서 만들게 할 요량으로 한 아이에게 오늘은 너희 집에 가서 놀려무나 했더니, 자기 집에서는 이런 장난하면 혼난다며 종이박스 로봇놀이를 할 수 없다는 것이다.

아이들이 놀고 난 뒤처리하기가 쉽지는 않지만 이 시기에 놀지 않으면 어른이 되어서 그렇게 놀 수 있겠나 하는 심정에 가만히 내버려둔다. 부모입장으로서는 대개가 성가시고 귀찮겠으나, 이런 마음을 참아야 하니까 바로 도 닦는 일과 같은 것이라고 하는 모양이다.

우리는 아이들과 놀이를 할 때 도자 흙과 문방구에서 파는 찰흙이나 지점토를 자주 이용했다. 이런 흙으로는 갖가지 모양을 낼 수 있으며, 손재주를 키울 수도 있다. 더 중요한 것은 아이들 상상력의 너비와 깊이를 키울 수 있다는 점이다.

아이들에게 흙을 갖다주고 알아서 만들라고 내버려둘 게 아니라, 먼저 엄마아빠가 흙으로 무엇인가를 진지하게 만들어야 한다. 그러면 자연스레 아이들도 따라 하게 되고, 다음부터는 아이들끼리 잘 가지고 논다. 접시며 아이들의 각종 소품, 인형과 공룡 같은 동물모형이나 컴퓨터게임에 등장하는 캐릭터에 이르기까지, 손을 놀려 뭐든지 다 만들 수 있다.

도자기 만드는 법을 배우는 공방에 가서 흙을 조금 얻어올 수

▲▶ 꿈의 환상과 현실. 딸 아이가 그린 수채화

도 있지만, 우리는 일부러 이천이나 여주까지 가서 대여섯 덩어리
씩 사온 적도 있었다. 흙으로 집도 만들고 또 부수어서는 인형도
만든다. 아이들이 만든 여러 가지 소품들을 잘 모아두면 그 자체
가 따뜻한 추억이 된다.

　　도자 흙으로 빚은 아이들의 작품들을 공방으로 가져가면 kg당 얼마씩 돈을 받고 가마에서 구워준다. 이럴 때는 아이들의 작품이 가마 속에서 터지지 않도록, 혹시 틈이 없나 살펴보고 틈이 난 곳은 손질을 해준다. 당연히 틈만 손질해야지 모양 자체를 바꾸지 않도록 주의하자.

　　비닐로 덮어서 말리면서 하루에 한번씩 손질해서 터지는 곳이 없도록 해야 한다. 이렇게 해서 구우면 정말 예쁜 소품이 탄생한다. 그렇지만 아이들의 작품을 일일이 다 공방으로 가져가서 굽는 일이 쉽지는 않다.

　　집에 오븐이 있다면, 흙 대신 밀가루와 소금을 1 대 1 비율의 무게로 섞어 물로 곱게 반죽을 하여 아이들에게 조금씩 떼어주어서 만들라고 해도 된다. 아이들이 만든 밀가루작품을 적당히 말린 후 오븐에 구우면 딱딱해진다. 여기다 색을 칠할 수도 있다. 집어 던져도 깨지지 않을 정도로 단단해진다.

　　우리는 몇 차례 공방에 가지고 가서 굽다가 나중에는 그냥 흙으로 빚어서 베란다에 말리는 것으로 흡족해했다. 우리 집에는 오븐이 없어서 밀가루 작품은 남의 집에 가서 굽기도 했는데, 특히 소품은 밀가루로 만드는 것이 참 좋다.

　　정교한 작품을 만들 때는 지점토로 하는 것이 좋으므로, 아이가 커서 좀 정교하게 만들고 싶어하면 문방구에서 파는 지점토를 사다주면 된다. 이보다 더 정교한 작품을 만들고 싶으면 그럴 때는 고무찰흙이 안성맞춤이다. 언젠가는 고무찰흙으로 40종에 이

▶ 컴퓨터 게임에 등장하는 각종 캐릭터들. 고무찰흙으로 만들었다.

르는 각종 컴퓨터게임 캐릭터를 콩알 크기만하게 만들어놓은 것을 보고, 아이들이 컴퓨터게임 하는 것을 눈감아주기도 했다.

재료를 사다주거나 사라고 돈만 주고 말 것이 아니라, 텔레비전을 잠시 끄고 아이와 함께 어른이 솔선수범하여 직접 만드는 모습을 보여주는 것이 가장 중요하다고 생각한다.

이제 아이들은 웬만큼 컸다. 아이들에게 크게 손갈 일이 없다보니 갑자기 우리 부부의 시간이 많아졌다. 그만큼 집안일에서 해방되었다는 말이 되겠다.

우리 아이들은 그 흔한 학원도 다니지 않기 때문에 돈도 별로

들지 않는다. 두 아이에게 교육비 외에 책값, 교통비, 식대 정도
들어간다. 거의 들지 않는다. 그 대신 책 사달라거나 영화 보러 간
다거나 음악시디 사겠다고 하면 웬만하면 들어준다. 그래도 두 아
이 모두 자기가 꼭 하고 싶은 일이 있다고 한다. 아이들이 그것만
은 이 책에다 쓰지 말라고 해서 밝힐 수는 없지만 우리 부부는 아
이들의 생각을 믿고 따를 뿐이다.

사실 아이의 뜻대로 되지 않을 수도 있다. 그러나 우리도 물론
이지만 아이들도 인생의 행로에서 중요한 것은 학벌보다 자신의
의지라고 믿어 마지않는 터라, 우리 부부는 아이에게 공부하라는
소리를 하지 않는다. 그래서 서로 편하다.

어느 부모가 자식의 성공을 바라지 않겠는가? 우리도 여느 부
모와 마찬가지로 아이들이 좋은 미래를 가졌으면 하는 바람을 가
지고 있다. 아이들이 따라줄지는 잘 모르겠으나, 그래도 열심히
오늘도 아이들과 함께 재미나게 논다.

09

버리자, 버려야 산다

과감히 버리기로 했다. 정말 큰 결정이었다. 제대로 버리려면 옷이 들어 있던 장롱을 먼저 버려야 '버림' 의 혁명이 완수될 수 있다고 생각했다. 그래서 장롱을 버렸다. 하지만 다른 것 다 버려도 골동품이나 다름없는 우리 집 재봉틀은 버릴 수 없다. 돌아가신 시어머니가 남편이 태어나기도 전부터 쓰시던 물건이라서 그렇다. 시어머니 역시 다른 어머니들처럼 한평생 고생만 하셨다. 뭐 하나 제대로 버리지 못하시고 가신 분이다. 그중에서도 가장 버리지 못하셨던 것은 당신 남편에 대한 무조건적인 순종의 태도였다. 물론 우리 어머니만 그런 것은 아니겠지만, 나는 우선 그런 순종을 여자의 미덕이라고 추켜세우는 악습을 버리고 싶었다.

집은 좁은데 웬 살림은 그렇게 많은지. 남편은 이거저것 주워 오는 데 이력이 난지라 집이 마치 고물상 같았다. 남편은 한때 고물상을 차려볼 마음을 먹은 적도 있었다나. 하여간 주워오기도 잘한다.

우리가 서울에 살았을 때는 남편은 토요일이면 열 일 제쳐놓고 지금은 동대문운동장 안으로 밀려난 황학동 고물시장에 가서 일이만 원은 쓰고 돌아왔다. 물론 손에는 어김없이 고물이 잔뜩 들려 있었다. 텔레비전에서 진품명품인가 하는 프로그램이 방영되면서부터는 황학동 시장의 물건값이 비싸졌다며 가지를 않았다.

남편은 이렇게 고물을 주워 모으면서도, 특이하게도 물건에 집착하지는 않는다. 지금 당장 요긴하게 쓰고 있는 것도 남이 달라고 하면 냉큼 주는 바람에 남아 있는 것도 별로 없다. 우리는 남에게 주기를 꽤나 좋아하는 편인 것 같다.

우리가 직접 만든 것도 많았는데 막상 우리가 쓰려고 하면 없다. 대신 항상 새로운 것을 기획할 수 있다는 뿌듯함을 얻을 수 있었다. 주거나 버리는 마음은 무언가가 없어지는 일이 아니라 새로이 생기는 일이라는 것을 느끼게 되었다.

집도 좁고 해서 결혼한 지 17년 만에 드디어 장롱을 버렸다. 버리고 나서 친정엄마한테 한참 혼이 났다. 사실 장롱을 버린 이유는 낡아서가 아니라, 봄가을로 옷정리를 할 때 보면 몇 년 동안 한 번도 입지 않고 다시 정리하는 옷들이 많았기 때문이다.

장롱 속에 크게 차지하고 있는 이부자리도 마찬가지다. 결혼할 때 해가지고 온 솜이불은 덮지도 않고 자리만 차지하고 있어서 솜틀집에서 솜을 틀어 등받이 쿠션으로 만들어버렸다. 안 입는 옷가지들은 잘 정리하여 고아원으로 보냈다. 물론 아이들이 커서 쓸모없게 된 장난감과 책들도 함께 싸서 보냈다. 그래도 아직 버릴 것이 있다.

우리가 쓰지 않는 물건을 남에게 준다는 것은 꽤나 조심스러운 일이다. 이렇게 생각하게 된 연유가 있다. 우리는 결혼하고 한 10년 동안은 옷이며 가전제품, 가구 등 새것을 거의 사본 적이 없었다. 우리의 생활습관이 이렇다 보니, 크게 개의치 않고 우리 아이들이 입던 작지만 새것이나 다름없는 옷가지들을 아는 사람들에게 주었다. 그런데 그 옷을 받은 사람들은 기분이 상했나 보다. 마치 옷 살 돈도 없는 사람처럼 무시를 당했다는 것이다. 그래서 그 다음부터는 아는 사람에게는 절대로 옷을 물려주지 않고 고아원에 갖다준다.

우리는 한때 양로원에 기증을 하기는커녕 되레 옷을 받아 입기도 했다. 우리 외삼촌이 서울 서초동의 한 양로원에 계시는데, 옷이 하도 많이 기증 들어와서 외삼촌은 체격이 비슷한 남편에게 많은 옷을 가져다주었다. 아직도 그때 얻은 옷들을 많이 입는다. 양로원도 부자동네에 있으면 다른가 보았다.

또 친정엄마가 지금도 여전히 동네에서 얻어온 옷가지들을 모아두었다가 정기적으로 몇 보따리씩 싸주시곤 한다. 그러면 우리는 군말 없이 받아오기는 하지만, 아무래도 못 입는 옷이 자꾸 쌓여만 간다.

그래서 과감히 버리기로 했다. 정말 큰 결정이었다. 제대로 버리려면 옷이 들어 있던 장롱을 먼저 버려야 '버림'의 혁명이 완수될 수 있다고 생각했다. 그래서 장롱을 버렸다. 어차피 우리 부부

▲접어서 포개두는 옷이 없도록 사계절 옷을 한 눈에 볼 수 있는 2단 옷걸이 봉. 앞면에 커튼을 칠 수도 있다.

는 한 가지 옷만 죽어라 몇 년 입다가 다른 옷으로 바꾸는 스타일이라서, 선입관만 버린다면 장롱이 별로 필요 없다.

옷장을 버리고 2단으로 된 옷걸이용 봉을 방 한쪽에다 설치했다. 그랬더니 옷을 한눈에 다 볼 수 있게 되었다. 좁은 거실을 차지하고 있던 소파도 버렸다. 어차피 얻어온 소파이지만 요즘은 버리는 데도 돈이 든다. 버리는 김에 텔레비전도 버렸다가 도로 주워왔다.

장롱과 소파를 버리니 공간을 아주 다양하게 사용할 수 있었다. 우선 안방에는 어머니가 주고 가신 50년 된 손재봉틀과 컴퓨터를 옮겨놓았다. 컴퓨터는 아이들의 컴퓨터 사용시간을 줄여보려고 안방으로 옮겼다. 확실히 효과가 있었다.

재봉틀은 조각천을 이용하여 갖가지 헝겊 주머니와 가방을 만드는 데 아주 좋았다. 재봉틀로 직접 만든 천주머니는 시장에서 사온 콩들을 종류별로 넣어서 걸어놓기에 안성맞춤이었다.

남편도 재봉질을 배우겠단다. 웬만하면 남편에게 가르쳐줄 텐데, 이 일만큼은 나 혼자 하고 싶었다. 짬짬이 재봉질을 하면서 직장에서 생긴 복잡한 일들을 잊어버리는 나만의 시간을 가지고 싶었기 때문이다.

다른 것 다 버려도 이 재봉틀은 버릴 수 없다. 돌아가신 시어머니가 남편이 태어나기도 전부터 쓰시던 물건이라서 그렇다. 시어머니 역시 다른 어머니들처럼 한평생 고생만 하셨다. 뭐 하나 제대로 버리지 못하시고 가신 분이다. 그중에서도 가장 버리지 못하셨던 것은 당신 남편, 시아버지에 대한 무조건적인 순종의 태도였다. 물론 우리 어머니만 그러셨던 것은 아니겠지만. 나는 우선 그런 순종을 미덕이라고 추켜세우는 악습을 버리고 싶었다.

다행히 남편이 잘 도와주고 있다. 이와 같은 마음으로 나는 오랫동안 쓰지 않고 방치되어 있는 것들을 버린다.

남편이 옆에서 뭐라고 말한다. "여보! 나는 버리지 말아줘…." 이왕 농담이 오갔으니 나도 한마디했다. "그러기에 내 뭐랬나, 술

먹고 그렇게 늦게 들어오면 안 되지…." 남편도 고생이 참 많다. 버림받지 않으랴, 돈벌랴, 또 다른 일 하랴.

우리는 버리면서 새로운 생활패턴이 만들어졌다. 우선 장롱 위에 켜켜이 쌓인 먼지와의 전쟁을 피할 수 있었다. 죽어 있던 공간이 살아 있는 공간으로 바뀌었다.

도둑 걱정할 필요가 없다. 이제 우리 집에 남은 가장 비싼 물건은 냉장고와 컴퓨터 그리고 이 책에 넣을 사진을 찍느라고 새로 산 디지털카메라이다. 냉장고와 컴퓨터는 도난당할 염려가 거의 없을 테고, 디카는 거의 날마다 들고 다닌다. 한마디로 생활양식이 단출해졌다.

더 중요한 것은 항상 신선한 무엇을 추구할 수 있게 되었다는 점이다. 또 남편이 옆에서 한마디 거든다. "버려야 얻을 수 있나니."

마음을 비워야 된다는 둥, 옛 성현들이 어려운 말씀들을 많이 하셨지만, 그 말을 일상생활 속에서 구체적으로 실천하면 정말 많은 것을 얻게 된다. 한번 해보시라. 나중에 시간이 좀 흐르면 정말 잘했다는 생각이 들 것이다. 아까울 것 없다.

어처구니 없는 세상: 두부 이야기

절대적인 자연식품만 고집하는 분들에게는 이 험한 세상을 떠나서 고립된 무릉도원에 갈 것을 권유한다. 무엇이 섞여 있는지 모를 외부 식당에서 먹으면 절대 안 되고, 자동차 매연이 잔뜩 낀 도시의 거리를 걸어다녀도 절대 안 된다. 절대를 고집하려면 그렇게 해야 한다는 말이다. 그래서 절대는 없다. 그렇듯이 먹을거리에서 중요한 것은 맛있게 즐겁게 감사하며 먹는 것이지, 절대적 유기농만을 고집하는 것은 아니라고 생각한다. 그것이 바로 더불어 사는 생태적 삶이다. 극단적 생태주의는 오히려 더불어 사는 것이 아니라 고립을 자초할 뿐이다.

좀 살 만하니까, 놀고 있다구요? 좋죠. 건강하고 오래 살려는데 웬 시비냐구요? 시비 좀 걸어야 되겠어요.

얼마 전부터 '잘 먹고 잘 살자'라는 바람이 불더니 갑자기 먹을거리에 대한 관심이 크게 늘어났다. 뭐시기는 살 빼는데 그렇게 좋다더라, 거시기는 정력에 아주 신통하다더라. 거시기를 먹으면 만병통치라는 등, 다 좋다. 유기농 파는 가게의 매출이 뛰고, 헬스센터 회원이 갑자기 늘었다고 한다. 텔레비전 홈쇼핑을 이리저리 둘러보시라. 온통 웰빙 바람 타고 장사하느라 정신들 없다. 몸에 신통하게 좋다는 온갖 민간비법들이 마치 무병장수의 대한민국을 곧 만들어낼 것 같은 분위기다.

혹시 웰빙 바람결에 혹세무민의 악취를 얄팍한 자본의 향수로 포장하고 있다는 것을, 삶의 논리가 아닌 죽임의 논리가 숨어 있다는 것을 한번쯤 생각해 보았는지 모르겠다.

뭐 거창한 이야기가 아니다. 자신의 몸이 왜 상하게 되었는지 그 원인을 스스로 뻔히 알고 있는데도 불구하고 그 원인을 치료할 생각은 안 하고 소문난 특효약, 만병통치의 먹을거리만 찾아 헤매고 있으니 앞뒤가 바뀌어도 한참 바뀐 것 같아 하는 말이다.

웬만한 거리는 걸어다니고, 직장에 가서도 엘리베이터 타지 말고 걸어 올라가면 되는 거다. 농약으로 목욕을 하다시피 한 풀밭에서 골프공 휘두르고 나와서는 온갖 향락에 빠져 자기 몸 자기가 상하게 만들어놓고는, 이튿날 아침에 40만 원짜리 정체불명의 보약 드시지 말고.

애시당초 이와 같은 자본의 놀음을 하지 않으면 되는 거다. 예뻐지는 것까지는 좋은데 얼굴에다 아예 도포를 해대니, 그것도 비싼 거시기 째제라는 화장품만 찾아서 피부를 학대하니, 카드 거덜나서 마음 졸지요, 숨쉬지 못하는 피부에 트러블 생기는 것은 너무 당연한 일이다.

자기가 먼저 부장으로 승진하려고 동료를 못 잡아먹어 으르렁

거리고 아랫사람은 짓누르고 윗사람한테서 스트레스 팍팍 받으면서 못할 일, 해선 안 될 일을 억지로 하자니 화병이 나고 위장장애에 변비가 생기는 거다. 잘못된 마음 씀씀이가 만병의 근원이라는 말 많이 들었을 것이다.

원인은 건드리지도 않고, 아니 건드릴 마음이 전혀 없으면서 나빠진 결과만을 폼 나게 겉을 치장해서 좋게 만든들 그게 얼마나 오래 가겠는가?

그래서 어쩌자는 거야? 서론이 너무 길었다. 우선 두부 만든 이야기나 해보도록 하자.

나의 기억으로 어렸을 때 먹었던 두부 맛은 아주 색달랐다. 귀한 것이라서 그런지 얼마나 맛있게 먹었는지 모른다. 그런 두부가 언제부터인지 별로 맛있다는 생각이 들지 않게 되었다. 그런데 어느 날 아래층에 사는 아줌마가 시골 친정에서 만든 것이라면서 두부 한 모를 주었다. 어릴 때 먹었던 그 두부 맛이었다. 왜 다른지 이유는 모르겠지만, 확실히 사서 먹는 두부와 달랐다. 마치 잃었던 미각이 되살아난 듯해 반가웠다.

우리도 두부를 직접 만들어 먹어보기로 했다. 그 이야기를 하려 한다. 결론부터 먼저 말하자면 우리의 두부 만들기는 한때의 시도였고 지속되지는 못했다. 일종의 실패였다고 할 수 있을 것이다. 사실 실패냐 성공이냐 가르는 것 자체가 우습다. 할 수 있는

시행착오 끝에 처음 만든 두부
두부 만드는 법을 가르쳐주신 시골장 할머니

만큼 만들고, 또 된 만큼 만들어진 것을 먹으면 되는 것이니까.

우리는 너무 거창하게 두부 만들기를 시작했다. 어차피 가게에서 사는 두부가격보다 돈은 더 많이 들 텐데, 이왕이면 옛날 방식 그대로 해보기로 마음먹었다.

그러자니 우선 맷돌이 필요했고, 우리는 맷돌을 사기 위해 석물가게 몇 군데를 돌아다녔다. 하나같이 우리를 별 이상한 사람들 다 봤다는 눈으로 흘끔 쳐다보고는 그런 물건 없다고 한다. 할 수 없이 골동품 가게에 갔다. 골동품 가게의 물건들은 쓸데없이 가격만 비싸지만, 도리가 없으니 괜찮아 보이는 맷돌 하나를 사서는 이고 왔다. 정말 비쌌다. 어처구니가 없을 정도였다.

어처구니가 무슨 뜻인지 아는 분이 있을런가? 어처구니는 윗맷돌을 돌리기 위해 윗돌에 고정시킨 손잡이를 말한다. 한번 생각해 보시라. 맷돌을 돌리려는 데 막상 손잡이가 없다고 해보자, 아마 막막~ 할 것이다. 여기에서 어처구니없다는 말이 유래되었다.

그런데 우리가 산 맷돌도 가격뿐 아니라 진짜 어처구니가 없어서 재래시장 한구석에 옛날부터 있던 대장간에 가서 어처구니를 만들어달라고 했더니, 대장간 할아버지가 친절하게 만들어주셨다. 젊은 사람들이 기특하다면서 가격도 2천 원만 받으셨다.

그럼 지금부터 두부 만드는 법을 들려주겠다.

처음에는 없는 맷돌 대신 집에 있는 미니 믹서기로 콩을 갈아서 만들려고 했는데, 곱게 갈리지가 않았다. 그래도 대충 갈아서

▲ 맷돌 어처구니를 만들어주시는 대장간 노부부. 40년 이상을 한 자리에서 대장간을 하셨단다. 기성품보다 튼튼하고 농부가 원하는 물건을 만드는 이 일이 좋다고 하신다.
▼ 완성된 어처구니

그럭저럭 큰 비스킷만한 두부를 만들어서 구워먹었다. 아이들도 신기해하며 홀딱 다 먹어치웠다.

그러나 맷돌을 어렵게 구한 뒤로는 그 맷돌을 이용하여 두부를 만들었지만 그 노동력이 너무 지나쳐서 계속 만들어 먹기가 어렵겠다는 생각이 들었다. 그러던 중 인터넷신문『오마이뉴스』의 '사람 사는 이야기' 란에 어느 분의 두부 만드는 이야기가 실린 것을 보고는 우리도 그대로 따라하기로 했다. 그분은 맷돌로 콩을 가는 것이 너무 힘들어서 전날 저녁 콩을 물에 불려놓았다가 이튿날 방앗간에 가서 갈아온다고 하였다. 정말 기발한 생각이었다.

다음날 우리도 방앗간에 가서 미리 물에 불려놓은 콩을 빻아달라고 했다. 그랬더니 방앗간 주인이 어처구니없다는 듯한 표정을 지으며 이것을 어떻게 빻느냐고 하질 않는가. 주인은 우리에게 용도를 자세히 묻고는 불린 콩은 빻는 것이 아니라 물을 다시 부어가며 가는 것이라고 알려주었다. 빻는 것과 가는 것의 차이조차 모르는 우리가 두부를 만든다고 했으니 참으로 가관이었다.

다음으로는 간수가 필요하다.

간수는 좋은 것을 써야 한다고 들었기에 우리는 경기도 장호원의 5일장까지 가서 사왔다. 간수가 좋아야 하는 이유는, 간수를 촉매로 하여 뭉쳐진 두부는 콩의 진수이기도 하지만 동시에 바다 미네랄의 진수이기도 하기 때문이다.

그 다음 필요한 것은 당연히 콩이다. 생콩을 맷돌에 갈면 나오는 콩즙을 천주머니에 싸서 끓인 물에다 몇 번 우려내면 된다. 이렇게 우려낸 물을 푹 끓여서 10분 정도 식힌 뒤에 적당량의 간수를 조금씩 넣으면, 노란 물과 순두부가 분리되는 시점이 갑자기 생기게 된다. 그러면 이 순두부를 바구니 같은 틀에다 놓고 한참 동안 눌러 놓으면 노란 물이 다 빠지고 모두부가 된다.

말은 간단하다. 하지만 말처럼 결코 녹록치만은 않다.

너무 오랜 시간 동안 콩을 물에 불려도 안 되거니와 콩물이 너무 진해도 응고가 잘되지 않는다. 간수를 너무 많이 넣으면, 두부가 딱딱해지거나 혹은 간수 특유의 쓴맛이 돌아서 두부 맛이 좋지 않다. 이래저래 두부 만들기가 몹시 까다롭다. 아예 시중에서 파는 두부제조 기계를 사서 만드는 것이 낫겠다는 생각도 했으나, 그렇게 할 바에야 집 앞 상가의 식품점에서 사먹고 말지 싶었다. 그래도 우리는 두세 번 두부를 만들어 먹었다. 아주 신나고 맛나게 만든 두부를 자랑스럽게 먹기도 했고, 분수 넘치게 남들에게 나누어주기도 했다.

하지만 사실 두부 만드는 일이 너무 힘들었다고 고백해야겠다. 두세 차례 만들어 먹고는 여간 힘들지 않아 다시 만들 엄두를 내지 못했다. 그래도 시간여유가 있는 독자라면 한번 만들어서 먹어보는 것도 좋다. 왜냐하면 그 성취감이 대단하기 때문이다. 또한 그 맛은 아이들이 더 잘 안다. 정말 맛있다.

▲ 베란다 끝에 쌓아둔 소금 포대. 위 포대의 소금에서 빠진 간수가 아래 포대로 들어가는 것을 막기 위하여 포대를 포갤 때 포대 사이에 비닐을 깐다. 그리고 반드시 바닥 물청소를 해야 한다. 그렇지 않으면 간수 때문에 바닥타일이 상한다. 이렇게 일년씩 소금을 놔두면 '소금'에서 간수와 함께 '소' 자도 빠져 말 그대로 '금'이 된다. 좁은 아파트의 베란다 공간이면 충분하다.

간수와 소금

간수 이야기가 나온 김에, 덧붙여 소금 이야기를 좀 해보자. 소금은 사람이 몸을 유지하는 데 매우 중요하다고 한다. 또 많이 먹으면 독이 되지만 적게 먹어도 몸에 무리가 온다고 한다. 의사들은 너나 할 것 없이 우리 한국인의 소금섭취량을 줄여야 한다고 입을 모은다. 맞는 말이다. 너무 짜게 먹어서 좋을 것 하나도 없다. 하지만 죽염은 소금과 달리 몸에 좋다고 한다.

소금을 대나무 통에 넣어 불에 구운 것이 죽염인데, 불에 구울 때 소금에 들어 있던 중금속 등이 없어지기 때문에 좋다는 것이다. 이 역시 맞는 말이다. 하지만 무엇이든 태우면 다이옥신이 발생하는데, 이 다이옥신을 완전히 연소시키려면 섭씨 1400도 정도는 되어야 한단다. 물론 제대로 된 죽염은 이와 같은 온도에서 구워내겠지만, 실로 1400도는 굉장히 높은 온도인지라 실제로 그렇게 하는지는 잘 모르겠다.

아무튼 이렇게 잘 만든 죽염이라면 가격이 무척 비쌀 터이고 따라서 김치 담그거나 간장 담글 때 푹푹 쓰기는 어렵다. 이럴 때는 깨끗한 천일염을 오래 놓아두었다가 쓰면 된다. 오래 놔두면 간수의 쓴맛이 다 빠지기 때문에 간장이나 김치 맛이 정말 좋아진다.

생협을 통하면 여름 한철에 깨끗한 소금을 구입할 수 있다. 이 소금을 포대자루째 담아서 베란다 한쪽의 볕이 좀 덜 드는 곳에 돌을 두어 개 괴어서 올려둔다. 그러면 끈끈한 물이 뚝뚝 떨어지는데, 이것이 바로 간수다.

8월부터 10월까지 두면 간수는 상당히 많이 빠지며, 그 뒤로는 별로 생기지 않지만 혹시 주변에 습기가 많으면 소금이 습기를 빨아들여서 다시 간수를 배출한다. 아파트에서 3년씩 소금을 묵힐 수는 없겠으나, 이렇게 석 달 정도만이라도 묵히면 좋다. 이렇게 간수를 뺀 소금은 동치미나 장 담글 때 쓴다.

1년 이상 한쪽에 쌓아두고 간수를 빼면 소금이 바슬바슬 가벼운 느낌이 난다. 아파트에서는 소금을 그냥 쌓아두면 콘크리트에 손상이 갈 수 있으므로 벽돌이나 돌 위에 소금포대를 올려놓고 간수는 그릇으로 받는 게 좋다.

요구르트

우리는 가끔 먹을거리를 생협에 주문해서 사먹기도 한다. 생협의 물건이 좋기는 하지만 비싸서 자주 주문은 하지 못한다. 어려운 여건에서도 유기농법으로 농사를 짓는 농민들의 고충을 생각하면 아무리 비싸더라도 이런 유기농산물을 사먹어야 도리이겠으나, 그럴 만한 집안형편이 되지 못하니 가끔씩 살 뿐이다.

우리가 생협에 주문할 때면 꼭 빠지지 않는 것이 있는데, 요구르트이다. 마시는 요구르트와 떠먹는 요구르트의 중간 형태라 할 수 있는데, 나는 우유는 잘 마시지 않는 편이지만 요구르트는 잘 먹는다.

이런 비싼 요구르트를 싸게 먹을 수 있는 좋은 방법이 있다.

조그만 병에 들어 있는 이 요구르트를 1/9쯤 남기고 따라 마신 뒤에, 그 병에다 다시 우유를 가득 부어서 주방 한쪽 구석에 이틀 정도 그대로 두면 원래의 요구르트처럼 된다. 다만 당도의 차이가 나는데, 사람에 따라서는 이렇게 만든 요구르트가 오히려 원래 것보다 더 입에 맞을 수 있다. 그래도 달게 먹고 싶으면 잼을 넣고 저어서 먹으면 된다.

두세 번 이렇게 반복할 수도 있으나, 병 주위에 입을 댄다거나 뭔가 오염원이 있으면 안 되므로 주의해야 한다. 유산균 이외의 다른 균이 섞이면 안 되기 때문이다. 이렇게 해서 한 병 가지고 세 번은 요구르트를 만들어 먹을 수 있다.

한번 해보시라. 그리고 화장실에서 똥이 한번에 쑥 빠지는 느낌을 만끽해 보시라. 돈도 절약하고 똥도 굵직하게 잘 나오고 거기다 복잡하지 않아서 두루두루 좋다.

어처구니

이런 글을 쓰고는 있지만, 사실 나는 먹을거리에 까다롭게 구는 사람을 질색한다. 내가 아는 한 사람은 오로지 자연식품만 먹고 인공적인 것은 절대로 먹지 않는다. 그 사람은 여럿이 함께 밥 먹으러 식당에 가서도 자기 먹을 것에는 조미료를 절대 넣지 말라고 강요하다시피 주방장에게 부탁한다. 주인은 단골 단체손님 놓칠까 봐 할 수 없이 그 사람 것만 따로 내어놓곤 하지만, 그럴 때는 다른 사람들은 다 화학조미료 먹고 죽으라는 말인가 하는 기분이 들어 개운치가 않다. 나 같으면 화학조미료, 농약덩어리 음식이라도 같이 먹고 같이 죽겠다.

원래 나는 절대라는 말을 쓰는 사람을 별로 믿지 않는 편이다.

▲ 먹을거리에서 중요한 것은 맛있게 즐겁게 감사하며 먹는 것이 아닐까. 장호원 장터 풍경

절대의 세상에서 살려는 분들에게는 이 험한 세상을 떠나서 고립된 무릉도원에 갈 것을 권유한다. 무엇이 섞여 있는지 모를 외부 식당에서 먹으면 절대 안 되고, 자동차 매연이 잔뜩 낀 도시의 거리를 걸어다녀도 절대 안 된다. 절대를 고집하려면 그렇게 해야 한다는 말이다. 그래서 절대는 없다.

그렇듯이 먹을거리에서 중요한 것은 맛있게 즐겁게 감사하며 먹는 것이지, 절대적 유기농만을 고집하는 것은 아니라고 생각한다. 그것이 바로 더불어 사는 생태적 삶이다. 극단적 생태주의는 오히려 더불어 사는 것이 아니라 고립을 자초할 뿐이다. 물론 내 생각이 이렇다는 것이지, 절대 옳다는 말은 아니다.

어처구니없는 세상이지만 모두 힘을 합쳐 사회적 어처구니를 새로 만들 생각을 해야지, 자기 혼자만 맷돌 옆으로 삐어져 나온 콩국물을 먹고 사는 것을 생태주의라고 폼 나게 말하는 것은 그것이야말로 진짜 어처구니없는 노릇이다.

11

망치와 톱: 전문가가 따로 없다

지금 우리가 살고 있는 아파트가 오래되어 보수할 때가 되었지만, 돈이 많이 들어 엄두를 못 내고 있었다. 우선 아이들 방만이라도 그럴듯한 온돌마루를 깔기로 했다. 요즘 매스컴에서 많이 이야기하는 새집 증후군의 주범인 포름알데히드 성분의 접착제를 거의 사용하지 않고 방 두 개의 마루시공을 완성했다. 직접 해본 적도, 시공하는 것을 본 적도 없이 덤벼들었으니, 참으로 겁이 없었다. 어쨌든 우리 집이니 괜찮다. 시공방법보다 더 중요한 것은 나 스스로 해보겠다는 마음가짐이다. 엄두를 내어보겠다고 마음만 먹는다면, 그 밖의 문제들은 풀리게 마련이다. 그럼에도 고백하건대, 사실 문제가 완전히 다 해결되는 것은 아니다. 나 같은 왕초보가 시공을 했으니 완벽하게 될 리가 있겠는가. 방 한쪽 구석의 마루판이 끌렁거린다. 하지만 그외에는 제대로 잘되었다. 전체 비용은 장판 까는 비용과 맞먹었다. 방을 드나들 때마다 발에 닿는 마루의 감촉이 나를 뿌듯하게 한다. 혹시 집에 손님이라도 오면, 나는 내 자랑에 열을 올렸다. 듣고 있는 사람은 내 모습이 얼마나 꼴불견이었을까.

온돌마루방

한 아파트에서 10년 가까이 살았더니 장판은 다 찢어지고 화장실 변기와 타일 벽은 새고, 세면대는 수시로 막히고, 부엌 싱크대의 실리콘은 떨어져 나가고, 난리도 아니다. 고치기는 해야겠으나 돈이 많이 들 게 분명한지라 걱정이었다. 그래서 집안 수리할 내용을 일일이 목록으로 만들어서, 망가진 정도에 따라 시간을 두고 조금씩 고치기로 마음먹었다. 그것도 직접 해보기로 했다. 한 달에 한 건만 해치워도 대단한 성공이라고 생각했다.

우선 목록을 보고 수리에 필요한 공구부터 샀다. 1단계의 구입 품목은 망치와 나사못, 줄자, 드라이버 같은 기본적인 공구였다. 사실 이 정도는 대부분의 집에 다 있다. 2단계로 구입할 품목은 실톱이나 큰톱, 펜치 혹은 전기드릴 같은 공구다. 1단계의 공구들보다 크기부터 다르다. 3단계는 콘크리트 드릴이나 수평계, 좀 크게 마음먹으면 전기톱까지 구입하는 것이다.

웬만한 가정에서도 2단계까지 구입해 놓으면 좋다. 이런 데 취미가 있다 싶으면 3단계까지 구입할 수 있겠으나, 아파트에서는 3단계의 공구를 사용하기란 사실 좀 무리다.

맨 먼저 벽을 둘러보았다. 도배지며 문턱의 페인트가 군데군데 벗겨졌다. 새로 하는 것이 훨씬 간단하겠지만 우리 집 사정에 맞추어 간이수리만 하기로 했다. 도배지에 난 흠집은 아이들이 쓰던 크레용으로 살금살금 칠해서 말끔히 처리했다. 페인트 벗겨진 부분은 문방구에 가서 같은 색깔의 에나멜을 사다가 고운 붓으로 칠을 했다.

자, 이제는 바닥이 문제다. 몇 달을 궁리한 끝에 온돌마루를 깔기로 합의했다. 그런데 온돌마루를 까는 비용도 만만치 않으려니와 '에폭시'라고 하는 바닥접착제가 요즘 매스컴에 단골로 나오는 새집증후군의 주범인 포름알데히드 성분인지라, 이 또한 풀기 힘든 난관이었다.

우리는 이 두 가지 문제를 나름대로 해결하였다. 온돌마루 까는 비용의 대부분을 차지하는 것이 인건비이므로, 직접 까는 것으로 해결을 보았다.

서울 을지로 5가에 가면 대로변에 마루자재 도매상이 즐비하다. 그곳에서 자재를 직접 사서 깔면 비용을 반 이상 절감할 수 있다는 사실을 알았다. 나는 당연히 마루를 깔아본 적도 없고 시공하는 것조차 본 적 없어서, 자재를 파는 아저씨에게 귀찮을 정도로 이것저것 꼬치꼬치 물었다. 물론 자재를 사기 전에 먼저 가게 주인 얼굴을 보고 친절해 보이는 인상의 아저씨 가게에서 마루자재를 샀다.

온돌마루는 강화마루와 합판마루 두 종류가 있다. 강화마루 자재는 MDF 재료에다 나무질감의 코팅을 한 것이어서 합판마루보다 값이 싸고 단단하지만 나무의 질감은 떨어진다. 그리고 대부분의 집에 까는 마루는 아마 이 강화마루일 것이다. 그러나 우리는 이왕 하는 김에 강화마루를 하지 않고 더 비싼 합판마루를 사서 차에 싣고 왔다.

이제 시공을 해야 할 차례다. 왕초보자가 겁도 없이 덤벼드는 셈이었다.

포름알데히드가 든 접착제는 바닥과 마루를 접착시키는 기능을 한다. 그래서 에폭시 접착제의 기능을 대신할 수 있는 방법이 없나 찾아보았더니, 매스컴에서 새집증후군 문제를 크게 다룬 이후에 친환경 접착제가 나온 모양이었다. 하지만 이 접착제 역시 포름알데히드의 성분이 전혀 없는 것이 아니라 줄였을 뿐이다.

또 한 가지 방법은 접착제를 전혀 사용하지 않는 강화마루를 까는 것이다. 전에는 수입품밖에 없었지만 요즘은 국산도 나오고 가격도 많이 내려서 인기라 한다. 사실 마루자재는 전량 수입하기 때문에, 국산이라 해도 수입한 목재를 우리나라에서 가공한 것일 뿐이다.

아파트의 방바닥이 완전히 평평할 수 없기 때문에 마루를 깔 때 울퉁불퉁한 면을 대충 고르고는 접착제를 사용하여 평평하게 만드는 경향이 있다. 그래서 마루가 깔려 있는 새 아파트에 입주할 경우 조심해야 한다. 특히 천식이나 아토피 증상의 아이들이 있다면 가능한 한 새 아파트는 피해야 한다. 새집증후군은 장난이 아니기 때문이다.

먼저 나는 바닥을 최대한 평평하게 고르기로 했다. 그러면 접착제의 사용을 최대한으로 줄일 수 있기 때문이다. 수평계까지 갖추지는 않았지만, 울퉁불퉁한 바닥을 끌로 깎고 굵은 샌드페이퍼로 갈아내어서 바닥을 골랐다.

그런 다음 사방의 구석과 가운데에 드문드문 접착제를 바르고 마루조각을 바닥에 붙이고 조각과 조각 사이에 틈이 생기지 않도록 고무망치로 두들겨가면서 마루를 깔기 시작했다.

▲ 온돌마루를 깐 아이 방. 스스로 생각해도 정말 대단한 역사를 이루었다.

망치와 톱－전문가가 따로 없다

　한쪽 끝에서부터 마루조각을 맞추어나가다가 다른 쪽 끝에 이르면 온전한 마루조각을 그대로 깔 수 없게 마련이므로, 이때는 실톱과 큰 톱을 이용해서 마루조각을 남은 공간의 모양대로 잘라서 깔아야 한다. 이렇게 해서 마침내 방 하나를 완성하였다. 자세한 시공법은 인터넷의 자료실로 올라와 있다.

　혹시 마루를 직접 깔 계획이 있는 분들이 있다면, 합판마루 대신 강화마루를 권하고 싶다. 물론 나무의 감촉은 떨어지지만 말이다. 조금 전에 말했지만, 강화마루는 값도 싸거니와 접착제를 사용하지 않고 시공할 수 있기 때문이다. 접착제를 사용하지 않는 마루의 시공원리는 바닥에 먼저 장판식 스티로폼을 깔아서 바닥을 평평하게 해준 다음, 조각마루들끼리의 이음새 부분을 서로 엇물리게 해서 판을 단단하게 고정시키는 것이다.

이렇게 들으면 쉬울 것 같지만, 생각만큼 간단하게 되지는 않는다. 그렇지만 조금만 신경 쓰면 누구나 할 수 있다. 우리는 아이들 방 두 개는 합판마루로 깔고 안방은 강화마루로 깔았다. 그러니 이런 시공, 저런 시공 다 해본 셈이다.

시공방법보다 더 중요한 것은 나 스스로 해보겠다는 마음가짐이다. 엄두를 내어보겠다고 마음만 먹는다면, 그 밖의 문제들은 풀리게 마련이다.

그럼에도 고백하건대, 사실 문제가 완전히 다 해결되는 것은 아니다. 나 같은 왕초보가 시공을 했으니 완벽하게 될 리가 있겠는가. 방 한쪽 구석의 마루판이 꿀렁거린다. 하지만 그외에는 제대로 잘되었고, 또 마침 그 자리가 침대 놓는 자리여서 크게 신경 쓸 것도 없다.

사실 요즘 분양하는 최고급 아파트의 마루 경우에도 무책임한 하청시공 때문에 꿀렁거리는 마루가 많다. 부분적으로도 마루보수를 할 수 있으니 집주인은 보수요청을 반드시 해야 한다. 또한 시공업자는 시공을 편하게 하기 위하여 새집증후군의 주범인 바닥 잡착제 에폭시를 다량 사용한다. 많이 사용해야만 마루의 꿀렁 꿀렁한 것을 없앨 수 있기 때문이다.

그래서 직접 스스로 마루를 까는 일에서 무엇보다 중요한 점은 접착제를 거의 사용하지 않았다는 사실이다. 맨 처음 시공한 첫째 아이의 방은 한 평 반밖에 안 되는 작은 방이지만 일단 성공했다고 자평했다.

이날 몸은 몹시 힘들었지만 기분이 너무 좋아서, 우리는 역시나 집 앞의 호프집으로 기다시피 하여 가서 한잔했다. 이날은 마누라도 500cc짜리를 석 잔이나 마시는 기염을 토했다. 대단한 날이었다. 그로부터 두 달 후에 우리는 작은아이 방에도 마루를 깔았다. 그리고 일년 반이 지나서는 대망의 안방까지 깔았다.

마루를 까는 데 든 총비용은 장판 까는 비용과 거의 비슷했다. 인건비를 번 셈이었다. 하지만 땀을 너무 많이 흘렸다. 까짓 운동했다고 치지, 뭐.

이제 제법 목수 티가 배었다. 방을 드나들 때마다 발에 닿는 마루의 감촉이 나를 무척 뿌듯하게 한다. 혹시 집에 손님이라도 오면, 나는 내 자랑에 열을 올렸다. 듣고 있는 사람은 내 모습이 얼마나 꼴불견이었을까.

우리들 모두의 책장

목수 티 내는 김에 거실 한쪽 벽면을 채울 책장까지 직접 짜보기로 했다. 하지만 마음먹는 것으로 그치고 말았다. 아파트에서 책장을 짜기란 도저히 불가능하거니와, 이번에는 아내도 당치 않을 일이라고 말렸다. 아내는 집 근처에 있는 '싱크대, 비디오장 제작'이라는 간판을 단 목공소를 찾아가서, 내가 그린 책장 설계 도면대로 만들어달라고 부탁했다. 정말 싸게 했다.

책장을 짜넣고 보니 거실이 서재 같은 분위기를 풍겼다. 아내는 나더러, 그렇게 서재를 가지고 싶어하더니 이제 비슷한 서재를 가져서 좋겠다고 했다. 그렇지만 나만의 서가는 아니다. 아이들 방에 있던 책장들을 치우고 학교교재 외의 책들은 몽땅 거실로 내왔다. 덕분에 좁은 아이들의 방도 넓어졌다.

이제 각자 방에 있던 책들을 온 가족이 일목요연하게 볼 수 있게 되었다. 그 김에 나도 처박아두었던 박완서의 『미망』을 읽었다. 책이 있는 공동의 공간이 만들어짐으로써, 아이들에게도 막상 책을 읽지는 않더라도 자연스럽게 이 책 저 책 뽑아 표지만이라도 볼 수 있는 계기가 마련되었다(이러다가 흥미 있어 보이는 책을 읽게 되는 것 아닌가).

각종 도구들. 이외에 전기연마기, 전기톱 등이 있으나 아파트에서 사용하기는 쉽지 않다.

부엌

다음 순서는 부엌수리였다. 먼저 싱크대와 싱크대의 틈새를 메워주는 실리콘 작업을 하기 위해, 실리콘과 주입기를 샀다. 몇천 원만 주면 다 살 수 있었지만, 정말 실리콘 시공은 어려웠다.

예리한 칼을 가지고 실리콘 주입부분의 끄트머리를 사각형으로 도려내는 일이며, 주입 속도와 접착 정도를 일정하게 유지하는 방법 등 하나같이 쉬운 것이 없었다. 결국 실패하였다. 접착부위가 울퉁불퉁, 볼품없기 짝이 없었다. 다시 시도했지만, 역시 실패였다.

그래서 싱크대 문짝도 거의 다 망가진 상태이니, 싱크대 자체를 맞춤형으로 교환하기로 했다. 이렇게 마음먹은 지 어느새 2년이 되었지만, 아직 교체를 하지 못했다. 새 싱크대를 들여놓으려면 앞으로 얼마나 더 걸릴지 모르겠다.

거실 벽

이제는 집 내부의 감성적 작업을 하기로 했다. 벽면에 걸려 있는 사진틀이며 벽시계부터 정리하기로 했다. 오래 전부터 생각해 둔 아이디어가 있었다. 아마 미술 전시회 같은 곳에서 그림을 걸어놓는 위치이동용 철사를 본 적이 있을 것이다. 그와 같은 소재를 사서 우리 집 벽에 설치하면 꽤 폼 나는 분위기가 연출될 것 같았다.

어디서 이런 소재를 파는지 알지 못해 전시실에서 일하는 친구에게 물어보았더니, 그 친구는 이른바 전문가라 하는 미술관 전문 인테리어업자에게 문의하여 알려주었다. 하지만 알면 무엇 하나, 10미터 길이의 한쪽 벽을 설치하는 데 60만 원이 든다지 않는가. 하도 어이가 없어서 벌어진 입이 다물어지지가 않았다.

이렇게 황당해지기 십상이라는 점에서, 나는 내가 잘 모르는 어떤 일을 할 때 전문가와 상의를 하지 않는다. 내가 하고자 하는 범위는 지극히 일상적인 생활패턴의 영역인 데 반해서, 전문가는

▲ 마른 벼 이삭으로 치장한 벽

지극히 전문적인 영역의 작업에 준해서 대답해 주기 때문이다.

당연히 그 답변이 나에게는 결코 현실적일 수 없다. 전문가의 말대로 할 바에야 거듭 헤매더라도 나 스스로 문제해결의 실마리를 찾는 것이 훨씬 효율적이다. 이렇게 전문가와 일상인의 코드가 맞지 않아서 나는 전문가를 찾지 않는다.

일상을 배려하는 생활 속의 전문가가 있으면 얼마나 좋을까. 다시 말해 간단한 공구사용법을 설명해 놓은 책이라든가, 작은 서랍장을 간단하게 직접 만들 수 있게 쉽게 써놓은 매뉴얼이 나오면 좋겠다. 우리 주위에는 정말 실용적인 안내자가 거의 없다.

잠시 이야기가 샛길로 빠졌는데, 하던 이야기로 다시 돌아가자. 그러던 차에 원주 시내에서 우연히 철물 인테리어라는 간판이 달린 가게를 발견하게 되었다. 가게에 들어가서 이것저것을 둘러보던 중 드디어 내가 원하던 아주 예쁘고 자그마한 그림걸이용 철사고리를 찾았다. 하나에 2500원씩, 그리고 고리를 지지하는 고리걸개 레일은 커튼고리를 거는 레일을 부착하기로 했다.

시공도 간단하여, 천장 모서리에 나사못으로 레일을 단단히 박고 철선고리대를 홈에 걸면 모든 작업 끝이다. 이동이 가능하고 철선이 얼마나 미려한지 우리 집 거실은 미술전시장을 방불케 한다.

모두 2만원이 들었다. 60만원과 2만원, 어떠신가. 그러니 내가 뭐랬나, 직접 해봐야 된다지 않았나.

12

5일장에서 만난 할머니

5일장의 풍속이 점점 사라지고 있지만 둘러보면 아직도 장터 서는 곳이 많다. 장터는 단순히 물건만 사고파는 곳이 아니다. 삶이 생동하고 이야기가 오가고 절기의 변화를 느낄 수 있게 해주는 곳이다. 봄기운이 들자마자 뒷밭에서 자란 원추리 잎을 따가지고 오신 할머니, 장마가 지나가고 깻잎을 줄기째 들고 나온 할머니, 추석이면 대추 한 바가지 겨울에도 집에서 쑨 메주덩이를 들고 나오신 할머니의 좌판에는 당신들의 경험에서 우러나온 땅과 씨앗의 이야기들도 더불어 수북이 얹혀 있다.

우리는 가끔 여행을 간다. 기실 여행이라기보다 장보러 간다고 해야 할 것이다. 전국의 5일장을 찾아다닌다. 너무 멀면 시간을 내기가 어려우므로, 주로 당일치기로 갔다 올 수 있는 장터를 돌아다닌다. 이를 우리는 테마여행이라고 부른다. 좀 멀리 떨어진 시장에 가서 저녁 찬거리를 준비한다는 마음으로 떠난다.

이를테면 이런 식이다. 여주 목아박물관에 가기 위해 여주를 찾는 것이 아니라 콩이 비교적 싼 여주 5일장에 간 김에 근처의 목아박물관을 들른다. 곶감이 좋은 영주 5일장에 갔다가 부석사를 들르며, 산나물이 많이 나와 있는 단양장에 갔다가 오래 전에 봐두었던 그 근처의 돌나물 터를 찾아 햇돌나물을 잔뜩 캐어와서 돌나물 물김치를 담가 먹는다. 포도가 많은 서정리 5일장에 갔다가 부근에 모신 부모님 산소에 들러서 김밥을 먹고 오기도 한다.

하다못해 나는 아내가 조사해서 엑셀 표로 만들어준 전국 5일장 날짜목록을 지니고 있다가, 혹시 멀리 다른 지방으로 출장 가서 때마침 장이 설 날짜이면 그곳에서도 어김없이 물어물어 장터를 찾아, 살 만한 산물이 없어도 여기저기 기웃거리다가 온다.

우리는 이른바 콩 마니아인지라, 가는 곳마다 각종 콩을 한두 되씩 사가지고 온다. 이렇게 사가지고 와도 다 남 주고 지금은 별로 없지만, 아무튼 콩 사는 일은 참으로 즐겁다.

이제는 국산콩과 수입콩을 구별할 수도 있다. 엄밀하게 말한다면, 우리 눈으로 구분하는 것은 아니다. 좌판을 펴놓고 콩을 파시는 할머니와 이 얘기 저 얘기 하다 보면 금세 국산인지 수입산인지 알게 되기 때문이다.

콩나물콩이나 메주콩, 검정콩은 씹어봐서 비린내가 흠뻑 나야 우리 콩이 확실하다. 특히 검정콩이나 쥐눈이콩은 겉은 다 검지만 속이 누런 것과 퍼런 것이 있는데, 가능하면 속이 퍼런 것을 사는 게 좋다. 누런 것보다 맛이 훨씬 낫기 때문이다. 하지만 속이 퍼런 콩은 드물어서 장에서도 사기가 쉽지 않다. 이 모든 지식이 다 장

▲◀▼ 시골 5일장에 나온 콩과 메주, 그리고 철마다 바뀌는 나물을 가지고 나오신 할머니

터에서 만난 사람들로부터 주워들은 것이다.

특히 아내는 장터에 나오신 할머니들과 이야기하기를 좋아한
다. 여주 5일장에 가서 좌판의 할머니한테 메주콩을 사면서 콩 한
말이 7.5킬로라는 것을 처음 알았다. 장에 다니면서 할머니들과
얘기하다 보면, 머지않아 사라져 버리고 말 그 옛날이야기를 종종
듣는다. 물건을 사면서도 서로 웃을 수 있는 마음이 좋다.

우리는 장에서는 절대로 물건값을 깎지 않는다. 그 대신 한줌
더 달라고 하면, 한 움큼을 더 주신다. 나이 들어감이 아름다울 수
있는 사회는 결국 우리가 만드는 것 같다 .

재미있는 기억으로 남아 있는 집안 얘기를 하나 할까 한다. 10
년 전쯤이었을 것이다. 좋은 와인이 한 병 생겼다. 그때만 해도 웬
만한 집 아니면 와인 따는 기구가 없던 시절이라, 그 와인을 마시
기 위해서 코르크 마개를 칼로 짓이기듯이 자르고 젓가락으로 눌
러서 병 속으로 집어넣어서야 겨우 와인은 마실 수 있었다.

와인은 다 마셔버렸지만 병이 예뻐서 두었다고 쓰기로 했다.
하지만 병 속으로 집어넣은 코르크 마개를 빼내어야만 그 병을 쓰
겠는데 아무리 해도 마개를 빼낼 재간이 없었다. 온 가족이 머리
를 짜내고 이렇게도 해보고 저렇게도 해보았지만 마개는 여전히
병 속에 있었다.

이럴 즈음에 친정엄마가 오셨다. 우리가 하는 양을 보고는 천

으로 된 기다란 끈을 가져오시더니, 병을 이리 내보라 하신다. 긴 끈을 병 속에 넣고 순간적으로 끈을 확 잡아당기니 그 틈에 끈과 코르크 마개가 함께 빠져나왔다. 와,~ 와, 우리는 약속이나 한 듯이 환호성을 질렀다. 물리학 교수도 못하는 일을! 우아아!!!

살면서 나이 드신 분들의 지혜와 경험을 간간이 접하게 된다. 문제는 우리가 그 지혜와 경험을 눈여겨보고 인정하는가이다. 아이의 새로운 말, 새로운 생각에는 귀를 기울여도 나이 드신 분들한테는 그러지 않는 것이 보통이다. 우리도 나이가 들 텐데.

우리보다 젊은 사람들에게 줄 수 있는 생활의 경험과 인생의 경험도 많이 쌓아두지 못하고 나이만 먹어 가면 안 될 것 같다는 생각이 들었다. 놓아버릴 것들이 생기는 나이. 그러나 새로운 인생을 준비하는 나이. 살림 꾸려가느라, 사회에서 뒤쳐지고 낙오하지나 않을까 노심초사하느라 과거를 생각할 겨를도 없었지만, 이제는 미래를 생각하는 일이 과거를 생각해 봄으로써 가능함을 어렴풋이 깨닫게 되었다. 지금부터라도 늘 되돌아보면서 새로운 미래를 준비해야 하지 않을까?

여보! 에구 깜짝이야.

5일장 이야기를 다시 계속해야지. 장에서 주워들은 이야기는 다채롭다. 콩 이야기, 산나물 이야기, 엿장수 이야기에서부터 변화하는 시대의 이야기까지 실로 다양하다.

　한번은 성우리조트 가는 길에 있는 둔내의 5일장에 갔다. 말이 장이지 을씨년스럽기만 하다. 동네 슈퍼마켓에 밀리고 전국 유통 망에 밀려서, 이제는 지역산물조차 별로 볼 수 없는 그런 장터가 되어가고 있었다. 슬픈 일이다. 전국의 대부분 시골장터가 그러하지만 둔내장의 몰락은 특히 더 심했다.

　한때는 성우리조트가 들어선다고 해서 둔내면이 활기에 차 있었다고 한다. 그러나 서울사람들이 몰려와서 알짜배기는 다 빼먹고 동네 청년들에게는 서울사람 흉내 내는 괜한 소비바람만 불어넣어 동네 꼴이 말이 아니게 되었단다.

　개중에는 스키 대여업을 하여 돈을 쥔 사람도 몇 있지만, 그것도 밑천이 많이 들어가는 터라 아무나 달려들 일이 아니라고 한다. 골프장 인근동네의 사람들은 이른바 가든이라고 이름붙인 식당이나 하면 행여 돈을 벌까 해서 2억씩 들여가지고 개업을 했지만 돈 있는 사람들은 시골 식당은 거들떠보지도 않고 콘도나 호텔, 아니면 서울로 곧장 가버리더란다. 처음의 부푼 기대와 달리 서울사람들의 호주머니에서 나오는 돈은 보기 힘들다 한다.

　그 조그마한 동네에 쓸데없는 유흥주점만 늘어나니 동네 분위기는 험악해지기만 했고 살던 사람들도 하나 둘 떠나고 이제는 겨우 명맥만 유지하고 있다. 장터에 앉아 아저씨의 푸념 같은 이야기를 듣고 있는 나도 맥이 빠진다.

처음에는 인터넷에서 구한 전국 5일장 목록을 보고 장을 찾아 다녔다. 그렇지만 막상 그날 가보면 이미 오래 전에 없어져 버렸기 일쑤다. 그래서 이제는 떠나기 전에 가고자 하는 읍면의 면사무소에 전화를 해서 날짜와 장소를 꼭 확인한다. 일요일이라도 일직을 서는 근무자가 있어 전화를 받으며, 친절하게 알려준다.

경기도, 강원도 주변으로 사람들이 많이 찾는 5일장의 날짜를 적어보았다. 둔내장처럼 초라해진 장도 있고 가남장이나 정선장처럼 큰 데도 있다. 규모로만 따지지 말고 주변의 정감을 느끼는 것이 중요하다.

장들을 다니다 보면 대부분의 장에 공통된 점을 발견할 수 있다. 우선 고만고만한 약재를 펴놓은 한약재상이 반드시 있다. 그리고 주로 노인들 옷을 파는 좌판도 꼭 있다. 그 밖에도 그릇가게

여주장	5일, 10일	태평리 가남장	1일, 6일
안성장	2일, 7일	모란장	4일, 9일
김포장	2일, 7일	강화장	1일, 6일
가평장	5일, 10일	평택 서정리장	2일, 7일
정선장	2일, 7일	주천장	1일, 6일
원주장	2일, 7일	둔내장	5일, 10일
장호원장	4일, 9일	북평장	3일, 8일
제천역전장	3일, 8일	단양장	1일, 6일

와 일용식품의 좌판이 들어서고, 장터에 온 사람들이 요기라도 할 수 있게 칼국수나 비빔밥 장수들도 보인다.

그러나 전국 어디를 가도 닷새장의 규모가 쪼그라들고 지역의 특성이 사라지고 있어 참으로 안타깝기는 하지만, 그렇다고 아직은 아주 비관적인 것만은 아닌 듯하다.

많지는 않지만 지역의 특산물이 나와 있고, 할머니들이 텃밭에서 가꾼 농산물이 철따라 자잘한 바구니에 얹혀서 사가지고 갈 사람을 기다리고 있다. 뻥튀기 아저씨와 엿장수들도 여전히 건재하다. 한평생 그곳에서 풀무질을 하며 지낸 대장간 할아버지들도 낫이며 호미를 만들어서 바닥에 늘어놓고 있다. 뭐니뭐니 해도 장터에 나온 사람들 사이에 오가는 잡담과 인정을 느낄 수 있어 다행이다.

마지막으로 한 가지만 일러두고자 한다. 장을 돌아다니면서 각종의 물산을 사려면 말과 되의 크기와 무게를 반드시 알아야 한다. 처음에 잘 몰랐던 우리는 물건마다 말과 되의 무게가 다른 이유를 도저히 이해할 수 없었다. 이제는 웬만한 것은 다 안다. 당연히 말과 되는 부피의 개념이고 같은 부피라도 곡식 종류마다 다르며, 또 말린 정도에 따라 달라지는 것이다. 말과 되를 무게로 환산하면 다음과 같다.

참 여러 장을 돌아다녔다. 그러면서 느낀 것이 있다. 품질과 가격 면에서 중국산과 국내 지역산물의 차이가 매우 크다는 점이다. 예를 들어 중국산 소금과 새우로 만든 젓갈은 가격뿐 아니라 맛도

메주 1말	6.5kg
쌀 1말	8.0kg
콩 1말	7.5kg 약간 안 됨.
팥 1말	9.0kg
참깨 1말	6.0kg 약간 안 됨
들깨 1말	4.5kg
마른고추 1근	600g(마른고추 한 근을 빻으면 약 450g의 고춧가루가 나옴)
고춧가루 1근	600g

▲ 뭐니뭐니 해도 장터에 나온 사람들 사이에 오가는 잡담과 인정을 느낄 수 있어 다행이다.

크게 차이가 난다. 그런 만큼 중국산인지 잘 알아보고 사야 한다. 한번은 새우젓 시장으로 유명한 충청남도 광천 장에서 새우젓을 산 적이 있다. 중국산 새우젓과 우리 새우젓의 가격은 무려 5배나 차이가 났지만, 가격차이만큼 맛 역시 차이가 나는 것 같았다.

사실 누구나 다 아는 이야기이다. 그럼에도 불구하고 우리는 우리 농산물이 얼마나 소중한지를 잘 모르고 있다. 나날이 피폐해져 가는 우리 농촌을 정말 되살려야 한다. 참으로 절박한 문제라고 생각만 할 뿐, 도시 속의 아파트에 살면서 내가 할 수 있는 일이 별로 없어 답답하기만 하다.

13

내 아파트에 맞는
홈시어터 만드는 이야기

텔레비전에서 DVD영화를 보려면 스피커가 좋아야 한다. 값비싼 대형화면의 텔레비전을 사지 않는다 해도 괜찮은 스피커를 설치하면 훌륭한 영화감상을 할 수 있다. 사람의 감각은 시각보다 청각이 더 민감하기 때문이다. 홈시어터 대신 컴퓨터용 5.1채널 스피커를 텔레비전에 설치하면 값도 싸고 손색없는 안방극장을 꾸밀 수 있다. 용산 전자시장에 들러 매장직원에게 물어물어 직접 안방극장을 꾸미다 보면, 아이들과의 컴맹 격차도 좁힐 수 있다.

아무래도 안 되겠다 싶어서, 1년 전에 내버린 텔레비전을 다시 집으로 들고 왔다. 사실은 버린 것이 아니라 남의 집 창고에 맡겨 두었던 것이다. 아이들이 텔레비전 앞에 코를 박고 붙어 있는 것이 꼴사나워 치웠는데, 요즈음 아이들의 세태문화 향유권을 얼마간 인정해야 될 것 같아 다시 갖다 놓았다.

말인즉슨 어른의 가치관을 잣대로 해서 아이들을 판단하는 것을 포기하기로 했다. 나도 어렸을 때 어른들이 보지 말라는 것 다

보았으면서, 그리고 우리는 어차피 아이들을 고상하게 키울 마음
도 없으니까. 좀더 솔직히 말한다면, 아이들 운운하는 것은 핑계
이고 나부터 텔레비전을 보고 싶었다. 우리 가족 모두 영화광이라
서 아무래도 비디오가게를 뻔질나게 드나들 것 같다.

그러려면 비디오 기계부터 사야 할 것이다. 전에 쓰던 비디오
기계는 하도 오래되어서 고장 나버렸다. 15년 된 텔레비전은 오래
되었어도 그럭저럭 볼 만하여 그냥 쓰기로 하고 비디오는 새것으
로 장만하기로 했다. 음악을 들을 수 있는 오디오가 없는지라, 이
왕이면 비디오와 DVD와 음악CD가 작동되는 멀티플레이어로 사
기로 했다.

그렇지만 DVD 플레이어를 사서 음악을 듣거나 영화감상을 제
대로 하려면 스피커가 좋아야 한다. 요즘 유행하는 홈시어터라는
것이다. 전자제품 가게에 가보니 홈시어터 한 세트가 제일 싼 것
도 100만 원이나 한단다. 미련 없이 가게를 나왔다. 집에 와서 곰
곰이 생각해 보았지만, 그렇게 비싸야 할 이유가 없었다. DVD 플
레이어에 멀티형 스피커를 장착한 것이 기본인데 얼토당토않게
비싸다는 뜻이다.
그래서 홈시어터의 구성내용을 하나하나 분석해 본 다음에,
DVD 기계는 따로 사고 스피커는 전문가용의 고급형은 아니더라
도 적절한 수준의 스피커를 사서 직접 장치하기로 결정했다. 오디

오 마니아들에게 스피커는 가장 중요한 요소이다. 요즈음 스피커는 과거보다 성능이 월등 뛰어난지라, 그리 큰돈 주지 않고도 제대로 된 성능의 스피커를 구입할 수 있다.

사실 가장 중요한 점은, 대부분의 사람들이 스피커의 구조나 설치방법을 잘 모르는데다 성능 정도를 판단할 능력이 없기 때문에 많은 사람들이 찾고 쉽게 설치할 수 있는 제품을 고르는 것이다.

한 가지 방법은 DVD와 컴퓨터용 스피커를 연결하는 것이다. 개인용 컴퓨터로 음악을 듣는 사람이 많아졌기 때문에 성능이 뛰어난 음악청취용 컴퓨터 스피커가 생산되고 있다. 일반 컴퓨터 스피커는 저음이나 고음의 처리를 하지 못해서 음악 듣기에는 적합지 않지만, 음악청취용 스피커에는 우퍼라고 불리는 저음 처리용 스피커가 함께 붙어 있다. 흔히 2.1채널 스피커라고 하는 이것 외에도, 스피커 수가 더 많고 앰프 고출력 수용이 가능한 5.1채널 스피커가 있다. 2.1채널은 스피커가 세 개이고 5.1채널은 6개이고 우퍼도 포함되어 있으므로 스테레오 효과와 소리방향 효과까지 원한다면 5.1을 구입하면 된다. 소수점 이하의 0.1은 우퍼 스피커를 뜻한다.

사실 보통사람의 귀에는 2.1채널이나 5.1채널의 음향이 비슷비슷하게 들린다. 가전제품 매장에서 파는 홈시어터 세트는 대개 5.1채널로 구성되어 있다. 따라서 디자인이 멋있고 화려하지만 정작 스피커의 성능은 요즈음 잘 나오는 컴퓨터 스피커와 크게 다르지 않다.

　다만 앰프 출력에서 차이가 나는데, 아파트 등 공동주택에서 사는 사람들에게는 앰프 출력이 아무리 높은들 그림의 떡이다. 홈시어터의 성능을 제대로 발휘할 수 있게 해놓으면, 필시 옆집이나 아래층에 사는 사람들과 싸우게 될 것이다. 이런저런 현실을 감안할 때, 컴퓨터 스피커도 보통 사람의 귀를 충분히 즐겁게 해준다.

　오디오에서 스피커말고 앰프가 중요하다는 것은 너무 당연하다. 앰프는 개인 PC로는 담을 수 없어서 따로 구입해야 한다. 그러나 전문가가 아닌 바에야 개인 PC로도 고급 앰프 이상의 소리를 들을 수 있는 방법이 있다. 컴퓨터용 오디오 프로그램이 있는데, 순전한 국산 오디오 프로그램으로서 그 성능은 고급 앰프에 맞먹을 정도로 놀랄 만하다.

　프로그램 이름을 여기서 소개할 수 없지만 컴퓨터를 좀 아는 주변사람에게 수소문한다면 금방 알 수 있을 정도다. 어쨌든 나는 고전 앰프에 연연하지 않는다. 살 돈도 없지만 내 귀는 평범한 귀라서 말이다.

　서울의 용산 전자상가나 구의동에 있는 대규모 컴퓨터 스피커 전문매장에 가면 2.1채널은 좋은 것이 5만 원 안팎, 5.1채널은 10만 원 이내로 아주 괜찮은 것을 살 수 있다. 운 좋으면 흔치 않은 추가의 고음 스피커까지 2만 원 정도 더 내고 살 수 있다. 7.1채널도 있지만, 이것은 받쳐주는 앰프 용량이 너무 커서 아파트에서는 오히려 좋지 않다.

음악 애호가라면 스피커를 올려놓는 핸드폰 크기의 뿔 모양의 방진용 스피커받침을 추가로 구입해도 좋다. 이 또한 얼마 안 주고 살 수 있다. 방진용 스피커받침은 말 그대로 아래층이나 벽면에 전달되는 음의 진동을 막기 위한 것이다.

이 정도로 해서 우리 집에다 최고급 홈시어터를 값싸고 손쉽게 설치하였다. 비록 텔레비전의 화면은 크지 않지만, 그래도 영화 보는 데는 손색이 없다. 영화는 화면효과보다 소리효과가 더 큰 비중을 차지한다고 어느 전문가가 하는 말을 들은 적이 있다.

그리고 오디오가 이미 집에 있다면, 케이블 전문매장에 가서 Y자형 연결 어댑터를 사가지고 기존의 오디오와 스피커를 연결하면 된다. 단돈 3천 원 정도로 새로 산 DVD까지도 이중으로 연결할 수 있다.

스피커 이야기를 이렇게 장황하게 늘어놓는 진짜 이유는, 뭐 대단하고 특별한 정보를 알려주기 위함이라기보다는 문제해결 방법을 스스로 찾는 것이 가장 중요하다는 것을 말해 주고 싶어서이다. 어떤 물건이든 시장에서는 특정 생산자에 의해서 획일적으로 이미 만들어진 것만을 구입할 수 있을 뿐이다. 이와 같은 물건은 나의 취향이나 입맛 또는 필요에 맞지 않을 수 있다. 또 어떤 것은 나에게 부족하고 또 어떤 것은 나에게 넘쳐난다. 나에게 맞는 것을 나 스스로 찾아가는 것이 중요하다.

아파트라는 생활구조와 자본주의가 심어주는 일상의 의식을

확 벗어나지는 못한다 해도 어느 정도는 나의 몸과 마음이 요구하
는 생활과 의식을 찾아갈 필요는 있다고 본다. 주어진 것에 만족
하지 않고 만들어가는 일상은 참으로 소중하다.

14

과거와 미래를 이어주는 재봉질

비록 기능 면에서는 떨어지는 골동품이나 다름없는 우리 집 재봉틀이지만, 너나 할 것 없이 빠르게 재촉하는 삶의 속도를 조절해 주는 현명한 기계이다. 나는 오늘도 재봉틀 앞에 앉아서 과거와 현재 그리고 미래를 이어주는 시간의 한땀 한땀을 일상이라는 하얀 천에 새겨넣고 있다고나 할까. 조급한 마음으로 삶을 재촉할 필요 없다. 나는 느리게 가기 위한 삶의 통로를 우리 집 재봉틀에서 찾는다. 그래서 어머니가 남겨주신 이 재봉틀은 우리의 귀한 자산이다. 어머니처럼 우리에게도 나이 들어 아이들에게 물려줄 수 있는 50~60년 된 물건이 있을지 생각해 보았다.

천가방 만들기

우리 집에는 골동품이나 다름없는 재봉틀이 있다. 시어머니가 나의 남편 태어나던 해에 사신 것인데, 돌아가시기 1년 전에 나에게 물려주셨다. 재봉틀 쓸 때마다 시어머니 생각이 나는 걸 보면, 아마 당신 생각하라고 주고 가신 것 같다. 바늘틀 밑에 끼는 북집은 하나밖에 없지만, 북은 여러 개 구해서 색색의 실을 감아놓았다가 필요할 때 쓴다.

　지난 여름 생활한복 사업을 하던 남편 친구한테 광목과 마 소재의 천을 많이 얻게 되었다. 이것은 재봉틀 활용에 힘을 실어주는 절호의 기회가 되었다.

　먼저 휑한 우리 집 창들에 커튼을 만들어 달았다. 천가방도 안감까지 대서 스무 개나 만들어 이집 저집에 다 돌렸다. 그전까지는 가방을 만들어도 홑겹이었으나, 언젠가 친정어머니가 오셔서 안감 대어서 만드는 방법을 가르쳐주셔서 이제는 제대로 된 가방을 만든다. 홑겹 가방은 아무래도 가방 티가 나지 않지만, 안감을 대서 만든 가방은 제법 멋있다.

　개중에는 15킬로그램 이상의 무게를 너끈히 견딜 만큼 튼튼하게 끈을 매단 것도 있는데, 간혹 남편이 길을 가다가 무거운 돌을 발견하면 요긴하게 쓰이기 때문이다. 남편은 베란다에 놓아둔 항아리 속의 매실효소를 눌러놓을 돌을 찾느라 길을 갈 때도 무심히 걸어가지 않는다.

　천을 갈라 삼중으로 접어서 가방에다 엑스자로 몇 겹 재봉질하면 정말 튼튼해진다. 거기다가 초록실로 꽃잎 무늬 하나 새기면 이 세상에서 오직 하나밖에 없는 나만의 가방이 탄생하는 셈이다. 이렇게 만든 천가방은 나름대로 품위도 있다. 천가방은 많으면 많을수록 좋다. 그만큼 비닐가방이 줄어들 테니까.

　장날 시장에 가서 할머니들이 콩이며 잡곡을 천으로 된 자루에 담아놓은 것을 보고 나도 콩이나 이것저것 담으려고 천자루를 많이 만들었다. 작은 것에서 큰 것까지 주머니 입구에는 끈을 달아 동여맬 수 있게 만들었다. 천주머니에다 건조식품을 담아놓으면, 장마철을 빼놓고는 오래 보관할 수 있다.

이번 가을에는 이곳저곳의 장에서 사다 모은 울타리콩과 각종 잡곡을 섞어서 친정어머니에게 한 자루 갖다 드리니 너무 좋아하신다. 일반 시장에서는 살 수 없는 콩이라며 더욱 흡족해하셨다. 아마 자루 속의 콩이 옛 생각을 일깨우기도 해서였으리라.

천주머니에 든 콩으로 메주를 만들고, 이번에는 충분히 떠서 단단히 마른 메주를 잘게 쪼개어 그 주머니에 넣어 베란다 빨래 너는 봉에다 줄줄이 매달아놓았다. 언제든지 장을 담글 수 있다는 뿌듯함도 함께 매달려 있었다.

이왕 재봉질 하는 김에 베개도 만들었다.

콩베개

남편은 베개에 대해서만큼은 유독 까다롭다. 높아도 안 되고, 물렁물렁해도 좋아하지 않는다. 큰 베개는 더더욱 싫어한다. 그래서 이 참에 베개를 만들기로 했다. 우리가 좋아하는 콩을 넣을 베개 말이다.

여느 베개는 안싸개와 겉싸개만 있으면 되지만 콩을 넣으려면

▲ 요즘 전기재봉틀은 다양한 기능에 편리하기도 하다. 우리 집 옛날 손재봉틀은 단순 박음질로만 돌아간다. 그래도 할 일은 많다. 복잡한 일은 세탁소에 맡기는 것이 더 좋다. 바짓단 줄이는 것은 기본이지만 이 사진처럼 천가방을 만들고 보니 여간 뿌듯한 게 아니다. 너무 썰렁해서 콩깍지만한 수를 살짝 얹어 놓으니 천가방 모양이 더욱 삼삼해졌다.

주머니 싸개를 여러 겹으로 해야 한다. 그래야 콩 껍질이나 부스러기가 밖으로 새어나오지 않는다. 그래서 세 겹으로 해서 베개를 만들었다.

옛날에는 베갯속으로 메밀껍질을 많이 썼지만, 먼지가 많이 나서 천식기가 있는 둘째아이 어릴 때는 스펀지 베개로 바꾸어버렸다. 또 요즘에는 기능성 베개니, 국화 베개 등 텔레비전에서 광고를 많이 하지만, 가격이 너무 비싸다.

그래서 나는 콩베개를 만들어보기로 한 것이다. 콩이 너무 비싼 게 문제이지만, 우리 농촌의 실정을 들여다보면 결코 비싸다고 할 일이 아니다. 수입농산물까지 밀려들면서 우리 농촌은 더욱 피폐해지고 있지 않은가. 이야기가 다른 데로 빠졌다. 베개 이야기 다시 해야지.

햅쌀과 마찬가지로 해콩은 먹어야 하므로 베갯속으로는 적당하지 않다. 어차피 베개에 넣으려면 콩을 바짝 말려야 하므로, 묵은콩이 좋다. 묵은콩을 사서 천자루에 넣어 서늘한 곳에 한 달 정도 놓아둔다. 이렇게 하면 벌레들이 다 말라버려 더 이상 벌레가 생기지 않는다. 벌레 때문에라도 콩을 바짝 말리는 것이 중요하다. 그렇지 않으면 벌레들이 콩을 다 먹어버리고 빈 콩껍질만 남기 때문이다. 잘 말린 콩을 세 겹 정도의 속천으로 싸서 콩베개 몇 개를 완성했다.

이것을 겉싸개로 다시 싸서 아이들과 남편에게 주었더니 모두 만족해한다. 콩베개가 특별히 좋은 과학적 근거가 있는지는 잘 모르겠지만, 아무튼 콩베개를 베고 자고 일어나면 정말 시원하고 숙면했다는 느낌이 드는 것은 사실이다. 그리고 베개가 묵직하여 잠결에 차버리기도 어렵다.

베개 하나에 약 1만 5천 원 어치의 콩이 들어간 것 같다. 내년에 콩값이 내리면 몇 개 더 만들어야겠다. 혹시 식량이 떨어지면 내 베개를 터서 콩을 먹을 수도 있지 않겠나. 말이 나온 김에 오늘 베갯속 콩을 꺼내 먹자고 했더니, 남편 아이들 할 것 없이 이구동성으로 반대한다.

재봉틀 회상

요새 나오는 재봉틀은 크기도 알맞추 하니 작고 성능도 좋고 작동방법도 편리하다. 그래도 우리 집 재봉틀은 집안의 역사를 담고 있어서 소중하게 쓴다. 사실 우리도 재봉틀을 돌릴 시간이 그리 많지 않다. 천가방이며 주머니를 만든다는 둥, 베개를 만든다는 둥 말은 멋있게 했지만, 정작 모직 바짓단 줄일 때는 아파트 상가의 세탁소에 맡기는 형편이다. 아직 재봉 실력이 그런 것까지 할 정도가 되지 않거니와 시간 내기가 어렵기 때문이다.

그렇지만 나는 일부러 틈을 내서 재봉틀 앞에 앉아 있곤 한다. 실용적인 측면에서는 아직 재봉틀의 효과를 보고 있지 못하지만,

가끔 재봉틀을 돌리다 보면 내가 살아가는 삶의 속도를 늦추게 조절해 주어 스트레스가 해소되는 효과를 확실히 느낀다.

그래서 비록 기능 면에서 떨어지는 우리 집 골동품, 재봉틀이지만 빨리 달리라고 재촉하는 생활 속에서 삶의 속도를 적절히 조절해 주는 현명한 기계이다. 재봉틀 앞에 앉아서 과거와 현재 그리고 미래를 이어주는 시간의 한땀 한땀을 일상이라는 하얀 천에 새겨넣고 있다고나 할까. 조급하게 삶을 재촉할 필요가 없다. 이렇게 나는 느리게 가기 위한 삶의 통로를 우리 집 재봉틀에서 찾는다. 어머니가 남겨주신 이 재봉틀은 실로 우리의 귀한 자산이다. 어머니처럼 우리에게도 나이 들어 아이들에게 물려줄 수 있는 50~60년 된 물건이 있을지 생각해 보았다.

요즘 나는 재봉질 배우느라, 내 딴에는 열심이다. 마누라가 재봉틀 돌릴 때 옆에서 틀 손잡이를 돌려주기만 하다가, 마침내 내 손으로 재봉질을 해보아야겠다는 마음을 먹었다. 남들은 그러다가 뭐 떨어진다고 지청구할지 모르겠지만, 이 또한 스스로 새로운 것을 만드는 생산과 제작의 기쁨을 맛보게 해주는 일이라고 믿어 마지 않는다.

원래부터 남자의 역할, 여자의 역할로 나누어져 있는 것은 없으며, 우리 안에 있는 수많은 권력지향의 원천에 의해 인위적으로 남녀의 역할을 구분함으로써 생겨난 것임을 인정해야 한다. 게다가 나 개인적으로는 진화심리학을 공부하였기 때문에, 남성성과 여성성이라는 구분이 얼마나 허구인지 과학적 증거에 의해 뒷받침된 인류학적 사실을 익히 알고 있던 터였다.

하긴 재봉질과 인류학을 구태여 연결시켜 그 정당성을 찾을 필요가 뭐 있겠는가. 부부에게 혹은 남편에게 내재되어 있는 타성만 버리면 된다. 더 간단하게 말한다면, 귀찮은 집안일을 나누어서 하면 된다는 뜻이다. 이렇게 되면 남자인 나만 손해 아닐까? 결코 그렇지 않다. 나중에 보면 남자에게 더 많은 이득이 돌아온다.

15

효소 만들다 실패하면
주스로 마시지

우리 큰아이는 변비가 있었고 나는 배가 더부룩했는데 매실액즙을 마시고부터는 둘 다 싹 나았다. 신통하다. 액즙이 이럴진대 효소는 말할 것도 없지 않겠는가.

하지만 효소 만들기가 여간 어려운 것이 아니다. 우선 서늘하고 온도가 일정한 자리가 있어야 한다. 이런 조건만 갖추어진다면, 진한 액즙에서 원재료를 빼내고는 그냥 세월아 네월아 하고 기다리면 된다.

할 수 없이 작은 병에 옮겨 담아 집의 냉장고에 보관하기로 했다. 혹시나 액즙이 오래되면 효소가 되지 않을까 기대하면서, 공기가 통하라고 병마개를 열어서 냉장고에 넣어두었다. 하긴 기대가 현실로 이루어지는 것을 확인하기도 전에 다 마셔버리므로, 효소가 되는 날은 요원할 수밖에. 아무래도 좋다. 액즙 주스도 정말 좋으니까.

효소 만들기에 실패하면 그대로 식초를 만들면 된다. 해보면 다 길이 생기는 것이다.

봄에 돌나물을 잔뜩 캤다. 쑥도 고개를 삐죽 내밀 때인지라 다른 바구니에는 쑥을 가득 담았다. 돌아오는 길에는 푸릇푸릇한 민들레가 우리를 유혹했다. 내친 김에 민들레도 땄다. 집에 돌아와서 일일이 물에 씻으려니 장난이 아니다.

돌나물을 한 움큼 집어서 물김치를 담갔다. 재료라고 해야 소금과 마늘 그리고 약간의 밀가루풀만 들어갔지만, 그 상큼한 맛을 어찌 말로 다 표현할 수 있겠는가. 한 숟갈 떠서 입에 넣으면 뽀드

득 소리와 함께 씹히는 돌나물의 깊은 살맛은 정말 황홀하다. 결코 과장이 아니다. 민들레도 땄으니, 민들레김치까지 담갔다. 어린 민들레는 김치로 담가먹어도 훌륭했다.

남은 나물들은 체에 받여 물기를 쏙 빼서 효소를 담기로 했다. 우리는 갖가지 식물로 효소를 담근다. 매실, 살구, 자두, 다래 같은 과실에서부터 돌나물, 민들레, 미나리, 쑥, 원추리에다 이름 모를 풀까지 모두 섞어 담근 적도 있다.

효소 만들기에서는 그늘과 바람 그리고 일정한 온도유지 등의 조건이 필요하기 때문에, 아파트와 같은 환경에서는 만들기가 어렵다. 그래도 액즙 만들기에는 아주 좋은 환경이다.

만드는 법은 간단하다. 항아리나 유리병에 설탕과 나물을 1 대 1 비율로 켜켜이 쌓아서 재어놓으면 된다. 그러고는 가끔 주걱으로 휘저어준다. 설탕과 원재료가 잘 섞여야만 삼투압 현상에 의해서 액즙이 잘 빠져나오기 때문이다.

사실 우리는 여러 차례 실패를 거듭한 끝에 이와 같은 사실을 터득했다. 실패의 원인은 여러 가지인데, 설탕의 양이 너무 적었다거나 잘 저어주지 않았다거나 혹은 서늘한 곳에 두지 않아 너무 익어 술이 되거나 거의 식초가 된 적도 있었다. 또 오래 담가놓으면 좋을 듯싶어 너무 오래 재어놓는 바람에 실패하기도 했다.

이번에는 매실효소를 담그기로 했다. 매실은 과실인지라 대개 농약을 많이 뿌리므로, 좀 비싸긴 하지만 생협의 유기농 매실을 20킬로그램 사서 담갔다. 매실효소 만드는 방법도 똑같다.

잘 씻어서 체에 밭여 물기를 완전히 뺀 다음에 같은 비율로 설탕에 재어두면 된다. 우리 집에서 가장 서늘한 곳이 부엌 옆의 작은 베란다여서, 그 좁디좁은 곳에 항아리 놓을 자리를 간신히 만들었다.

다음으로 중요한 것은 설탕에 재어두는 기간이다. 재료마다 다 다른데, 그 이유는 간단하다. 재료가 단단하면 오래 재어야 액즙이 빠질 것이고 초봄에 나오는 야리야리한 쑥이나 돌나물은 살이 여리므로 일주일만 재어도 충분하다. 매실 또한 단단한 놈은 석 달은 재어두어야 하고, 좀 물렁한 놈은 그보다 짧게 두 달 정도면 된다.

조심하시라. 오래 둔다고 좋은 것은 아니다. 오래 담그는 것은 원재료를 빼고 액즙만을 발효시키는 효소를 만들 때이다.

진한 액즙과 효소는 여기서 갈라진다. 이쯤 해서 진한 액즙은 냉장고에 보관하였다가 물을 5배 정도 타서 마시면 훌륭한 주스가 된다. 우리 큰아이는 변비가 있었고 나는 배가 더부룩했는데 매실즙을 마시고부터는 싹 나았다. 신통하지 않은가. 즙이 이럴진대, 효소의 효능은 말할 것도 없을 것이다.

하지만 효소 만들기가 여간 어려운 것이 아니다. 우선 서늘하

▲ 초봄 푸릇푸릇한 돌나물을 고추장에 찍어 먹으면 남부러울 것이 없다. 양은 많지 않았
지만 남은 것을 효소로 만들어 먹으니 그 향기는 높은 하늘 새털구름 향이다.

▲ 각종의 효소를 만드는 작은 항아리들이 모였다. 돌나물, 살구, 원추리, 민들레, 미나리, 초봄 잡초모음, 많기도 하다. 안 되는 것이 없다.
▼ 매실효소는 양을 많이 한지라 큰 항아리에 담갔다. 큰 항아리의 효소는 잘 저어주어야 한다. 그리고 익을 때까지 한지로 뚜껑을 만들면 편하다.

고 온도가 일정한 자리가 있어야 한다. 이런 조건만 갖추어진다면, 진한 액즙에서 원재료를 빼내고는 그냥 세월아 네월아 하고 기다리면 된다.

우리는 효소 만들기를 포기해야 하나 보다 생각했다. 아파트에서 그나마 서늘한 곳이 부엌 옆 작은 베란다이지만 온도가 일정하지 않기 때문이다. 그렇지만 방법이 전혀 없는 것은 아니었다. 그래서 생각해 낸 것이, 작은 병에 옮겨 담아 집의 냉장고에 보관하는 것이었다. 병마개를 꼭 틀어 막으면 냉장고 온도에서도 발효가 되어 부글부글 끓어 올라 터질 수도 있으니 마개를 치우고 한지를 마개 대신 씌우면 된다.

냉장고에 넣어둔 액즙이 오래되면 효소가 되리라는 기대를 버리지 않는다. 하긴 기대가 현실로 이루어지는 것을 확인하기도 전에 다 마셔버리니까, 효소가 되는 날은 요원할 수밖에. 아무래도 좋다. 액즙주스도 정말 좋으니까.

그중 맛있는 액즙이 또 하나 더 있다. 한여름이면 시장에 다래가 나온다. 서울에서는 다래 사기가 힘들지만 시골의 웬만한 5일장에는 다 나온다. 할머니들이 보자기에 싸가지고 나온 갖가지 열매 중에서도 다래가 가장 돋보였다. 물론 참다래이다. 개다래는 약으로 쓰인다고 하는데, 써서 먹을 수는 없다.

참다래는 생물학적으로 수입 키위와 동일한 종자인데, 가을이 되면 누렇게 익지만 여름에는 채 익지 않은 녹색이다. 이래도 며

칠만 베란다에 놓아두면 맛있게 익는다. 키위보다 맛이 훨씬 낫다. 참다래는 통풍에 좋다고 하지만, 우리는 아직 약이라 생각하고 음식을 먹어본 적은 없다.

어쨌든 다래 역시 제대로 된 효소로 만드는 데는 실패했다. 과일이나 야채로 만든 효소가 그토록 비싼 이유를 좀 알 것 같았다. 그래도 우리가 만든, 반쯤은 효소가 된 것도 그런대로 괜찮았다.

효소는 단백질의 한 가지 요소로서 우리 몸 안에서 일종의 촉매구실을 한다. 대사를 활성화시키거나 호르몬 작용을 원활하게 하는 촉매로서 중요한 구실을 한다. 숙성작용을 통해서 단백질 변형을 이루어 효소가 되는 것인데, 특히 자기면역 상승효과가 뛰어나기 때문에 아토피성 같은 알레르기 체질에 좋다고 한다.

어쨌든 첫해에는 제대로 안 되었지만, 이듬해부터는 훌륭한 매실효소를 만드는 데 성공했다. 항아리에 담근 매실은 자주 저어주는 것이 중요하다. 설탕 농도가 골고루 유지되어야 신맛이 없어지고 향긋한 매실 효소가 될 수 있기 때문이다.

매실효소 만들기를 실패했는데, 그렇다면 그 매실액즙은 무엇이 될까 생각해 보았다. 어차피 발효하는 것은 마찬가지이고, 발효 정도에 따라 액즙과 효소 혹은 식초와 술이 되는 것 아닌가.

그래서 이왕 시큼해진 매실액즙을 그대로 놓아둬 보기로 했다. 물론 아무 데나 방치해 두는 것이 아니라 서늘한 곳에 두고 또 외부에서 잡균이 들어가지 않도록 꽤 정성을 들였다. 이에 관한 책과 인터넷 사이트를 뒤져본 결과, 잘하면 식초를 만들 수가 있을 것 같았기 때문이다. 기실 효소나 식초, 술 모두 화학적으로 똑같은 과정을 거치므로, 매실식초 역시 효소만큼이나 좋지 않겠는가.

이와 같은 조건에서 몇 개월 정도 초산발효를 하였더니 훌륭한 매실식초가 되었다. 매실식초는 조미료로도 쓰지만 약 5배의 물을 타서 마시면 장운동이 원활해진다. 특히 고기 잴 때 사용하면 더 좋은데, 고기가 연해지고 고기 특유의 냄새도 없어진다. 또한 과학적으로 확실히 밝혀진 건 아니지만, 콜레스테롤 감소에도 도움이 된다고 한다.

결과적으로 효소 만들기는 첫해에도 실패한 것은 아닌 셈이다. 거듭 말하지만, 해보는 것이 소중하다.

16

생명의 잔치: 텃밭 가꾸기

생명을 키워내는 일은 결코 만만치 않다. 일주일 정도만 풀을 뽑지 않아도 콩밭이 풀밭으로 변하고 만다. 풀을 뽑다 보면 참 안됐다는 생각이 든다. 똑같은 생명인데, 하나는 지극정성으로 사람 손길을 받고 또 하나는 뽑혀나가 버리니까. 다 사람 먹고 살자는 인간 중심의 틀 속에서 온갖 생명들이 평등하지 못하고 차별을 받게 되는 것 같다.

우리에게는 자그마한 텃밭이 하나 있다. 정확하게 표현하면 집에 붙어 있지 않아 텃밭이라고 할 수는 없겠지만, 그래도 우리는 텃밭이라고 부른다. 시내에서 그리 멀지 않은 언덕배기에 30평쯤 되는 땅을 일년에 2만 원씩 주고 빌렸다. 정말 커다란 행운이 아닐 수 없다.

처음에는 가장 흔하게 심는 상추와 열무, 늦여름 배추 등속을 심다가 요즘은 주로 콩을 심는다. 울타리콩, 쥐눈이콩 등 각종 콩

종자를 다 구해서 심어놓고 보니, 막상 어디에 어떤 콩을 심었는지도 잘 모르겠다. 언젠가는 가을에 비가 너무 많이 와서 실패했지만, 올해는 잘될 것 같은 기분이 든다.

가장자리 한쪽에는 채송화와 봉숭아, 수국 등 꽃과 풀을 심었다. 그리고 늘 축축한 한쪽 구석에는 창포와 미나리를 심었다. 그밖에도 고구마, 양파, 영양부추, 가지, 들깨, 수세미, 호박은 물론 돌나물과 머위까지 심었다. 오이와 방울토마토와 상추는 당장 우리 집 식탁을 풍성하게 해준다.

우리는 시장에서 흔히 살 수 있는 것들을 사다가 땅에 묻어놓고는 어떤 이파리가 나오는지 관찰해 보기도 했다. 그중에서 단연 돋보이는 것은 토란이다. 지난 추석에 토란국을 끓일 요량으로 시장에서 산 토란 몇 알을 남겨놓았다가 이듬해 초봄에 심은 것이다.

어린 줄기가 땅을 비집고 나오더니 어느새 잎이 돋아나고 우산 크기만한 큼지막한 잎으로 자랐다. 그저 신기할 뿐이다. 그 커다란 토란잎에 떨어진 물 한 방울이 바람결에 노니는 모습을 한번 상상해 보라. 까짓 토란 먹는 게 대수겠는가.

농약은 물론이고 비료도 주지 않으니 키우기가 정말 쉽지 않다. 생각 끝에, 한의원에서 약재찌꺼기를 얻어와 나무통에 넣어놓고 충분히 발효시켜서 퇴비를 만들어 뿌려주었다. 퇴비 만들기도 쉽지 않지만, 종묘상에서 산 발효액을 뿌리니까 한결 수월해졌다.

그래도 풀 뽑기는 여전히 어렵다. 우리는 밭 한가운데 한 평 정도에다 잔디를 가꾸고 있다. 그러면 잔디와 풀 사이에서 땅따먹기가 치열하게 전개된다. 풀을 뽑으면 잔디가 번지고 크게 자란 풀을 그대로 놓아두면 잔디가 기를 못 쓴다. 하지만 일단 잔디가 자리 잡은 곳은 풀이 감히 침범하지 못할 만큼 잔디의 힘도 만만치 않다.

자연을 관찰하다 보면 생명의 변화를 읽는 마음이 싹트는 것 같다. 이렇게 땅과 부대끼면 생명의 힘은 정말 위대하다는 생각이 절로 든다. 그렇지만 생명을 키워내는 일 또한 만만치 않다. 일주일 정도만 풀을 뽑지 않아도 콩밭이 풀밭으로 변하고 만다.

때로는 풀을 뽑으면서 혼란이 생기기도 한다. 똑같은 생명인데, 하나는 지극정성으로 사람의 손길을 받고 또 하나는 무참히 뽑혀나가고 마니까. 다 사람 먹고 살자는 인간 중심의 틀 속에서 자연의 생명들이 평등하지 못하고 차별을 받는다. 자연은 평등한데 인간이 만들어놓은 차별이 자연을 얽매고 있는 것이다. 너무 사치한 생각인가?

얼갈이배추를 뽑고 난 한여름이 지나 수확할 것은 하고, 밭을 새로 갈아 김장배추를 심었다. 김장배추는 시장에서 사는 것처럼 뽀얗고 통통하지는 않지만 싱싱함만은 비할 것이 없다. 군데군데 벌레가 먹었으나 배춧잎은 정말 상큼하다. 배추가 좋아야 김치도

▲ 한겨울 자고 난 초봄, 반 평짜리 조각땅에 채송화 씨앗을 심으니 얼마나 고귀함을 떨든지. 유난히 잡풀에 약한 채송화인지라 일일이 손으로 풀을 뽑아주었다.
▼ 초봄 땅에 뿌린 씨앗들이 이 정도 자랐고

▲ 한 여름에는 닷새만 소홀히 해도 이렇게 풀이 자라서 채송화가 기를 못 편다. 채송화도 좋지만, 풀의 생명력에 대해 감탄을 한다.
▼ 한여름 내내 채송화는 꽃을 피운다. 흰색, 자줏빛, 빨강, 연노랑, 진노랑, 진분홍, 주황빛으로. 더 이상의 색은 없다. 가을이 되어서는 이듬해 채송화 밭을 위해서 색깔별로 씨앗을 모아두었다.

맛있다는 말을 정말 실감하였다.

이번에도 배추 심을 땅이 모자라서 우리 집 김장을 할 만큼의 배추를 심지 못했다. 또한 제대로 하자면 김칫거리 외에도 각종 야채들을 자급자족하는 것이 텃밭 가꾸기의 진정한 의미이겠지만, 아직 그 수준은 되지 못한다. 무엇보다도 텃밭에 온 신경을 쓸 시간적인 여유가 없기 때문이다.

우리 부부는 맞벌이를 하다 보니 주말이면 온몸이 녹초가 된다. 물론 5일제 근무 이후로는 시간이 좀 나는 편이지만, 어떤 날

▲ 우리 아파트 베란다 코앞에 주렁주렁 열매가 달린 대추나무

은 집안어른을 찾아뵈어야 하고 또 어떤 날은 친지의 대소사에 가 봐야 하니 주말이라고 해서 온전히 쉴 수 있는 것도 아니다. 그래 서 우리는 토요일 오전에는 반드시 밭일을 하자고 다짐하였다. 우 리들의 이 약속이 온전히 지켜지는 것은 아니지만 최대한 노력을 한다.

텃밭을 가꾸기 위해서는 그 나름의 큰 결심이 필요하다. 농사 를 생업으로 하는 농부들처럼이야 못하겠으나, 자신의 인생계획 을 다시 꾸려야 할 정도로 삶의 패턴을 바꾸어야 한다. 나는 주변에서 텃밭을 가꾼다고 어렵게 땅을 마련하여 한 반년은 열심히 하다가 흐지부지해 버리는 사람들을 많이 보아왔다.

텃밭에 대한 이상적인 생각과 타성에 젖은 현실의 생활습관이 상충되는 데서 비롯된 일이다. 나 역시 이런 모순된 모습을 여전히 가지고 있다. 다만 우리 부부는 텃밭에서 뭔가를 얻어내겠다는 생각을 버렸다. 그보다는 운동 겸 텃밭을 가꾸며 재미있는 주말을 보내자는 생각이다. 그럼에도 생명에 대한 경외심을 잃지 않는 것이 무엇보다 중요하다.

우리는 아이들이 다 컸지만, 자녀가 아직 어린 집에서는 텃밭 가꾸기가 정말 소중한 생명의 자산이 될 수 있다. 아이 손으로 씨를 뿌리게 하고 물 주게 하여, 싹이 나오는 모습을 보고 잎이며 열매를 따고 씨앗을 받는 것이 얼마나 귀중한 살아 있는 교육이 될 수 있는지 느끼게 될 것이다.

대도시 아파트단지 안의 모래 반 먼지 반인 놀이터에서 노는 아이들, 게임에 빠져 컴퓨터 앞을 떠나지 못하는 아이들, 밤 열한 시나 되어야 학원에서 돌아오는 아이들에게 잠시 짬을 내어 생명의 기운을 만나게 해주는 것은 부모에게 맡겨진 숙제가 아닐까.

그런데 나의 텃밭을 어떻게 만들지? 사실 이 문제부터 해결되어야 한다. 나는 생명 · 생태 · 생협 · 환경 단체에서 운영하는 주말농장에 참여하라고 권하고 싶다. 이렇게 하다 보면 자기만의 텃밭이 생길 기회가 온다. 여기다가 주말농장을 운영하는 단체의 이름을 일일이 다 적어놓을 수는 없는 노릇이고, 여러분이 찾고자만 한다면 어렵지 않게 이런 단체들을 주변에서 찾을 수 있다. 나 역시 시민단체에서 운영하는 주말농장에서부터 처음 시작했으니까.

돈, 신용카드와 보험의 비밀

아이들이 어릴 때부터 돈을 스스로 관리하게 함으로써 그 돈의 파괴력이 어디까지 갈 수 있는지 교육해야 한다. 사실은 어른들도 상당수가 돈의 파괴력을 잘 모르고 있다. 누구 말대로 신용카드가 아니라 외상카드라 이름 붙였어야 했다. 우리 집 둘째아이가 아주 어릴 적에 엄마에게 한 말이 기억난다. "엄마, 저 기계에 카드만 넣으면 돈이 주르륵 나오는데 왜 아빠는 돈벌려고 힘들게 일해?" 사실 이런 생각이 어른들의 무절제한 소비행동에서도 그대로 나타나고 있다는 것이 더 큰 문제다.

신용카드의 폭거

신용카드는 사용하지 않는 것이 좋다. 웬 구석기시대 사람이냐고 핀잔 받을지 모르겠지만, 원래 신용카드는 소비자가 아니라 자본가의 입장에서 탄생한 것임을 분명히 알아야 한다. 신용카드는 결국 금융업자의 배만 키워줄 뿐이다. 그렇다고 신용카드 자체를 무조건 거부하는 것은 아니다. 최소화하는 것이 좋다는 말이다.

우선 카드가 있다 해도 내 지갑에 넣어가지고 다니지 말아보자. 그러면 일상의 많은 것이 변하게 된다. 자동차 연료비나 생필품 구입비, 의료비 외에는 신용카드를 사용하지 않는 것이 좋다.

과도한 술값 때문에 남편과 입씨름을 벌인 적이 있다면 괜히 그런 일로 마음 상하지 말고, 오히려 그 다음부터는 남편 스스로 고쳐나갈 수 있게 부드러운 방식으로 어떤 조치를 취해 보는 게 어떨까. 예를 들어 술값을 현찰로 하나하나 세어서 지불해 보라고 하면, 남편 역시 그 술값이 얼마나 많은 돈인지 스스로 알게 될 것이다. 요즘 경제가 어려워져서 술집에 드나드는 아저씨들의 지갑은 비었어도 술값 치를 때의 호탕함은 여전하다고 한다. 그러자니 애꿎은 신용카드만 죽어난다.

다시 한번 말하지만 신용카드 5만원과 현금 5만원은 절대 같은 돈이 아니다. 신용카드가 유혹하는 착시현상에서 빨리 벗어나야 한다. 그래야만 부부싸움도 덜하고 가정경제도 좀 나아질 것이다.

요즘에는 현금영수증 제도가 생겨서 이제는 신용카드 대신 현금을 내더라도 현금영수 처리만 하면 연말정산에서 공제해택을 받을 수 있다. 그러니 더더욱 카드회사 배만 불려주는 신용카드의 사용을 자제하는 편이 좋다.

문제는 당장 돈이 모자라다 보니 카드 사용이 잦아진다는 점이다. 이른바 신용카드 돌려막기를 경험한 많은 사람들의 이야기가 결코 남의 이야기가 아니라는 사실이다. 아이들 교육비며 각종 지출을 당연시하다 보니, 과소비를 하지 않는 보통의 집들에서도 눈덩이처럼 불어나는 신용카드 대금을 걱정해야 할 판이다.

돌려막기는 겨우 면했다 쳐도, 이제는 노후를 걱정해야 한다. 미래의 사회복지가 불확실한 한국사회에서 땅부자나 아파트 분양권을 좇아 걸핏하면 이사하는 사람들 빼고는 노년에도 제대로 먹고 살 수 있을지 의심스럽다. 그러니 적은 수입을 가지고도 약간 좀스럽다 싶을 정도로 잘 쪼개어 써야 하고 연말정산 세금관리도 잘해야 할 것 같다.

집집마다 해당사항이 조금씩 다르지만 연말정산은 꼭 준비하는 것이 좋다. 예를 들어 연말정산과 관련하여 과세표준을 1천만 원 이하로 하는 등의 생활경제 공부도 필요하다.

언제면 빚을 갚을꼬?

아직도 사람들은 과거의 고금리 환상에서 헤어나지를 못하는 것 같다. 그러다 보니 자연히 부동산에 돈이 쏠리는 결과를 가져왔다. 물가상승률과 미래가치를 감안할 때, 예금주의 입장에서는 실질 예금이자가 11~12% 정도가 되어야 손해가 안 난다. 그러나 요즈음 11~12%의 이자를 주는 금융상품은 어디에도 없다. 앞으로는 더할 것이다. 이 말은 금융상품의 수익률은 이미 지나간 버스라는 뜻이다.

그러니 손해를 감수하더라도 투자신탁 상품이나 부동산투자에 돈이 몰리는 기현상이 생겨나게 되었다. 1차 생산에는 투자를 안 하고 여전히 일확천금을 거머쥘 수 있는 투자만 노리는 사람들이 아직도 많다.

우리는 23평 아파트나마 겨우 쥐고 있는데 서울 강남의 아파트 소유자 60%가 집을 3채 이상을 소유하고 있다니, 그 허망함에 가슴 뚫린 사람들의 아픔은 이루 말할 수가 없다. 주식 역시 투자실패를 이미 경험한 사람들이 많은 터라, 이제 일반인은 주식투자를 꺼리는 형편이다. 투자라는 말조차 할 수 없는 보통사람들의 아픈 마음은 그 어디에서도 달랠 데가 없다. 빚이 잔뜩 쌓였는데 무슨 투자 같은 소리를 하고 있냐고.

주변에 빚을 진 사람들이 너무 많다. 다 아는 사실이지만 카드빚은 온 국민의 걱정거리이다. 농민들의 영농 빚은 또 어떤가. 수입농산물 개방으로 인해 농사를 지을수록 빚은 늘어만 가고 있다. 전세 계약기간이 끝났는데도 전세금을 못 받아 이러지도 저러지도 못하는 사람들도 심심찮게 본다. 중소기업을 하는 사람들이야 말할 것도 없고. 겨우 아파트 하나 분양 받아 이사는 했지만 그것도 대부분 빚이다. 빚지지 않은 사람이 없을 정도이다.

우리도 아직 빚이 많다. 그래서 빚 빨리 갚는 방법을 이리저리 궁리해 보았다. 답은 간단하다. 절약해야 한다. 그러나 절약만 해서도 해결이 안 되는 사람들이 많으니 참으로 안타깝다. 어쨌든 이런 시대에는 빚을 빨리 갚는 것이 가장 현명한 재테크이다.

그래도 나는 재테크라는 말을 들으면 은근히 부아가 난다. 재테크도 종자돈이라는 것이 있어야 하는데 그조차 없는데, 무슨 재테크냐 말이다. 그래서 우리의 재테크는 역시 절약이라는 결론에 도달하였다.

여보, 가위 갖고 와!
드디어 우리는 여섯 개나 되던 신용카드를 다 잘라버렸다.

그래도 우리처럼 카드를 잘라버릴 수 있는 사람은 그나마 다행이다. 왜냐하면 우리도 10년 동안이나 카드로 빚을 돌려 막은 경험이 있기 때문이다. 빚 갚기란 정말 힘들어서 대단한 각오와 계획을 가지고 실행하지 않으면 정말 어렵다.

월급생활자라면 공제상품에 항상 눈과 귀를 열어두어야 한다. 소득이 올라갈수록 세금도 늘어나기 때문에 공제상품에 귀기울이는 것도 유용한 저축과 마찬가지이다. 공제상품은 항상 상황에 따라 유동적으로 새로운 상품이 나오게 되어 있다.

정부가 어려워지면 그만큼 국민에게서 거둬가는 돈은 늘어나게 되어 있고, 또 우리네 서민들보다는 더 많은 금융지식을 가지고 있기 때문에, 일반 서민들은 새로운 상품이 누구의 입장에서 만들어졌는지도 살펴보아야 한다.

금융자산을 놓고 보더라도, 가장 큰 기관이 가장 많이 가져가고, 그 다음 기관이 다음으로 큰 규모 식으로 연쇄적으로 가져가

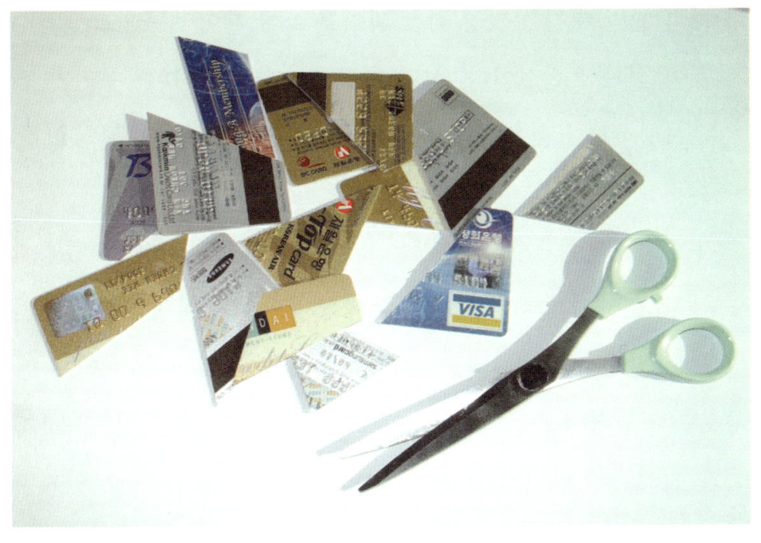

▲ 잘라버린 신용카드, 신용카드의 이름을 외상카드라고 바꾸어야 한다.

다 보니 일반 개인은 가장 작은 파이를 조금 떼어먹는다고 생각하는 것이 정확한 현실이다. 정말 어렵다. 그래도 우리는 우리가 겪어온 시행착오를 젊은이들이나 아이들에게 알려주어야 한다.

자식은 부모에게서 가장 많은 것을 효율적으로 배울 수 있음에도 불구하고, 자식과 부모의 유대관계가 웬만큼 돈독하지 않으면 그 모든 말들은 흘려버리고 싶은 잔소리가 되고 만다. 우리가 살아오면서 경험한 것들이 진정으로 잘 전달되길 바란다면, 우선 자식과 친해져야 한다. 부모는 자식의 말을 귀담아들을 수 있지만 자식은 부모의 말을 소홀히 듣기 십상인 것은 예나 지금이나 마찬가지이다. 그래서 노력해야 할 필요를 느끼는 사람은 부모이니, 부모가 노력하는 수밖에 없다.

집집마다 자식들의 소비행태에 속상해하는 부모들이 많을 것이다. 먼저 자식과의 관계를 개선하는 일도 저금리시대의 한 가지 저축방법이라는 것을 알았으면 좋겠다. 아이들이 사달라고 조르는 핸드폰, MP3, 플레이스테이션 등, 그 돈이 다 어디서 나오는지 아이들도 알아야 한다.

아이들이 어려도 자기가 사용한 금액은 직접 돈을 세어서 지불하도록 해보자. 아마 얼마만큼의 돈이 나가는지 세어보는 아이는 돈 씀씀이에 신경을 쓸 것이다.

아이가 이를 제대로 닦지 않아서 치과에 다닌다면, 치료비를 내기 위해 은행에서 찾아온 돈을 아이보고 직접 세어보게 한 다음에 치과에 함께 가서 돈을 내는 것도 방법이다. 그러면 자기가 치아관리를 잘 안 했기 때문에 많은 돈을 치과에 주어야 한다는 걸 실감하고 그 다음부터는 스스로 치아관리를 잘하게 된다.

돈을 스스로 관리하게 함으로써, 그 돈의 파괴력이 어디까지 갈 수 있는지를 어릴 때부터 교육해야 한다. 사실은 어른들도 상당수가 돈의 파괴력을 잘 모르고 있다. 누구 말대로 신용카드가 아니라 외상카드라 이름 붙였어야 했다.

우리 집 둘째아이가 아주 어릴 적에 엄마에게 한 말이 기억난다. "엄마, 저 기계에 카드만 넣으면 돈이 주르륵 나오는데 왜 아빠는 돈벌려고 힘들게 일해?" 이런 생각이 사실 어른들에게도 조금씩 녹아 있는 것이 큰 문제다. 이제는 텔레비전에서 새로운 광고를 보면 저게 정말 누구 좋으라고 하는 광고인지 다시 한번 생각하게 된다.

보험이 우리의 미래를 보장할까?

보험 역시 카드의 악순환과 연결되어 있다. 살다 보면 보험을 들어야 할지 말아야 할지, 아니면 들면 무엇을 들어야 할지 고민을 하게 된다. 우리 집의 경우에는, 아이들이 있으니 상해재해보험과 어른도 재해와 상해, 암 보험을 기본 보장만 해주는 것을 들었다. 보험금이 지출되어도 부담이 적은 보장성 보험 위주로 보험을 든 것이다.

또 금리가 계속 떨어지면 보험료는 올라가므로, 기존에 들어놓은 것은 가능한 한 유지해야 한다. 예정이율 1%의 차이가 매달 내는 보험료의 20% 상승을 가져오기 때문에, 금리와 보험가입 시점을 고려하는 것 또한 상당히 중요할 것 같다. 연금성 보험인 경우에는 말할 것도 없다.

또 한 가지 염두에 두어야 할 사항은, 잘 알려져 있고 오래된 보험회사일수록 보험상품에 대한 노하우가 많아서인지 가입자에게 많이 받고 적게 주는 구조인 것 같다는 점이다. 이런 면에서 신생 보험회사나 우체국의 보험이 좋은 듯싶다. 보험회사가 유명하다고 해서 소비자에게도 유리한 것만은 결코 아니다.

특히 살다 보면 부득이 보험을 해약할 경우가 있을 수 있으므로 해약 환급률을 기준으로 해서 비교해 보는 것도 필요하다. 가령 연금보험은 물가상승률을 고려하면 그동안 부은 돈도 못 받는 것 같다. 이때는 물가상승률을 연동시켜서 돌려주는 국민연금이 가장 좋은데, 제도가 안정적이지 못한 듯해서 원, 답답하기 짝이 없다.

머리가 잘 돌아간다는 그 수많은 금융인력과 엄청난 자본을 가지고 끝없이 만들어내는 보험회사의 상품들 중에서 어떤 것을 선택해야 할지 결정하기란 결코 쉽지 않다. 하지만 보험회사가 자선사업을 하고 있는 것이 절대 아님은 분명한 사실이니 심사숙고해야 한다. 은행에 대한 경계도 늦출 수 없다. 정말 살기 힘든 세상이다.

　자본주의 구조에서 자본의 틀을 완전히 벗어나기는 어렵다. 그래도 우리가 자본의 폭거로부터 벗어나기 위해서는 우선 보험설계사나 은행원 혹은 매스컴 광고의 유혹에 넘어가 즉흥적으로 보험에 드는 일일랑 아예 피하는 것이 좋다. 우리 아이는 어릴 적에 장난이 심하여 다치기를 잘해서, 월 1만 2천 원 납부하는 상해보험에 들어놓았다가 덕분에 쏠쏠한 해택을 받았다. 이런 보험조차도 사실은 꽤나 진지하게 고민하고 가입한 것이었다.

　그런데 살다 보면 어쩔 수 없이 보험에 가입하는 경우가 생긴다. 보험상품 판매하는 후배가 찾아오고, 친척이 찾아오고, 하다 못해 20년 동안 한번도 연락이 없던 학교동창생이 찾아와서 보험을 가입하라고 한다. 비록 강요를 하지는 않는다 해도 참으로 난처한 일이다.

　내 나이 마흔이 넘어 겨우 직장을 잡아 첫 월급을 탔을 때이다. 월급날을 용케도 알았는지 동창생이 두 시간이나 걸리는 먼 길을 마다않고 찾아왔다. 용건인즉 보험에 들라는 것이었다. 여러분도 이런 상황을 흔히 겪었을 터이므로, 그 분위기를 더 말하지는 않겠다.

　이런 상황에 신통한 대책이 있을 리 없다. 단호하게 거절하거나 아니면 최소 금액을 지출하는 작은 보험에 들어주는 일이다. 심지어 다음 달에 해약할 것을 염두에 두고 보험가입을 하고는 정말로 다음 달에 해약해 버린 경우도 있다. 이런 식의 해약이 보험회사 쪽에서는 대단한 이윤구조로 연결된다.

그래서 타의든 자의든 보험에 가입할 때는 해약할 때 어떻게 되는지를 잘 따져보아야 한다. 단 확정금리로 계약한 보험은 될 수 있는 대로 해약을 하지 말아야 한다. 물론 한 푼이 아쉬우면 해약할 수밖에 없겠지만, 가능하다면 없는 돈으로 생각하는 게 좋다.

내가 보기에는, 전세계의 자본구조에서 가장 횡포가 심한 것이 보험회사인 것 같다. 그래서 공공보험의 중요성은 아무리 강조해도 지나치지 않다. 건강보험 같은 공공성 보험이 늘어나야 한다. 그럼에도 불구하고 의사들은 지금의 한국 건강의료보험제도에 대하여 집단적으로 강력하게 반발하고 있다. 의사들은 한국의 의료수가제도를 비롯한 건강보험제도가 사회주의적 발상이라며 의약분업 이후 계속 자신들의 철밥통을 놓지 않으려 한다. 그 끔직한 색깔논쟁이 의료계에 다시 불고 있으니 참으로 한심한 노릇이다.

서민들의 입장에서 사적 보험의 불리함을 개선시키고자 공공건강보험을 더욱 확대해야 할 판에, 의사들은 서민들의 마지막 희망이랄 수 있는 건강보험조차 사적 보험으로 바꾸려고 안간힘을 쓰고 있다. 의사협회는 엄청난 돈을 들여서 걸핏하면 신문에 광고를 내는데, 절대로 거기에 휩쓸리면 안 된다. 뭐 대단한 보장은 아닐지라도 그나마 현재의 건강보험은 우리의 삶을 보장해 주는, 마지막 남은 것이라 해도 과언이 아니다.

그럼, 이제 사적 보험의 쏜쏜한 이야기로 다시 돌아가자.

보험상품을 가입할 때 짚어야 할 핵심은 예정이율과 해약환급률 그리고 10년이나 20년 후에 받는 금액의 가치이다. 물가상승률이 약 5%라고 할 때, 100만 원의 가치가 20년 후에는 37만 원 정도이고, 40년 후에는 14만 2천 원의 가치밖에 안 된다. 따라서 적게 불입하고 많은 보장이 주어지는 상품 가운데서, 우리 집에 맞는 상품을 찾는 노력을 기울여야 한다.

여러 보험회사를 검토해 보았지만, 자기 보험회사의 상품과 다른 회사의 상품을 비교해 주는 보험영업인은 아직 한 명도 못 보았다. 그만큼 보험회사는 자신의 이익이 우선이고 가입자의 이익은 둘째라는 말이다. 하기야 자본주의 사회에서 어떤 기업이 그렇지 않겠냐마는.

미래 1억 원의 지금 가치가 얼마인지 현재의 1억이 미래에는 얼마의 가치가 될지를 판단하기란 쉽지 않지만, 오늘 쓰고 말 돈이 아니라면 이제는 돈 이야기를 내놓고 해야 한다. 돈이란 덧없지만, 뒤집어서 생각해 보면 결국 치밀한 관리의 대상이라는 말이다.

나는 내 주변에서 돈 걱정 안 하는 사람을 본 적이 한번도 없다. 그러면서도 돈 이야기를 터부시하는 분위기가 여전하다. 인터

보험을 들 때는 보험을 통해서 미래의 모든 것을 다 준비하겠다고 생각하기보다는 정말 위급한 상황에 부딪혔을 때 기본적인 보장을 받겠다는 생각으로 드는 것이 좋다.

넷에서 접한 사실인데 '부자학'이라는 묘한 이름의 인터넷 강좌가 수강생이 몰려들어 시쳇말로 대박을 터뜨렸다고 하지만, 아무튼 겉으로는 돈 이야기하는 것을 꺼려한다.

우리는 돈에 대한 이중적인 태도를 버려야 한다. 돈이 현실적으로 필요하면서도, 여전히 돈을 못된 욕망의 원천으로만 간주하고 있다. 돈 걱정 안 하는 사람들은 아주 부자이거나(아무리 부자라도 필경 돈 걱정을 할 것 같다), 부모나 자식 혹은 마누라가 대신 더 많은 걱정을 하고 있다는 사실을 알아야 한다. 돈 걱정 안 하는 사람들이 많을수록 그만큼 빈부의 차이만 극심해진다.

우리는 나물먹고 물마시고 팔베개하는 선비가 아니다. 쓸데없는 선량 도덕주의에 흔들리지 말고 정당한 사회적 배분에 눈을 떠야 한다. 그래서 엄마들도 사회적 분배정의가 무엇인지를 신문기사를 통해 공부해야 한다. 그래야만 우리 아이들도 돈 쓰는 법을 알게 된다. 우리 시대 우리 서민들이 등에 짊어지고 있는 감당하기 어려운 빚을 생각해 봐야 한다. 이것이 비단 개인만의 책임은 아니지만, 돈을 터부시해도 안 될 것 같다.

18

남자들도 수다를 떨자
: 수다의 생리학적 비밀

남자들이여, 먼저 아내와 수다를 떨고 아이들과도 수다를 떨어 보자. 밖에서 직장후배들과도 수다를 떨어 보자. 내로라는 대학 출신의 동창들끼리 쑥덕쑥덕 못된 전략짜기일랑 내던져버리고, 넓지도 않은 이 땅에서 알량한 지역사람들끼리 남의 지역 흠집 낼 생각일랑 묻어버리고, 폼나는 말 한마디로 권위 같지 않은 권위를 내세우려 들지 말고, 내 당 네 당 하면서 귓속말 나누며 파벌 만들고 권력싸움일랑 집어치우시라. 그러려면 무엇보다도 집에서 아내와 아이들과 수다 떨면서, 근엄함으로 치장한 일상의 권위부터 떨쳐버리자. 그러면 아마 진정한 지구의 평화까지 올 수 있을 것이다.

흔히 수다는 여자들만의 전유물인 것처럼 생각한다. 확실히 여자들은 남자들보다 수다가 많다. 그래서 여자들이 하는 말은 내용도 별로 없고 믿기도 어렵다고 치부해 버리기 십상이다. 그렇다고 치자. 그러면 남자들의 말은 알맹이가 있고 그 말을 다 믿을 수 있는가? 정작 말 때문에 싸움을 밥 먹듯이 하는 것은 오히려 남자들이다.

아파트단지 한쪽 귀퉁이에 아줌마들이 모여 이 얘기 저 얘기

이야기꽃을 피운다. 그래 봐야 저기 8층 누구네 집 남편이 명퇴했다더라, 4층 집 둘째아이가 외고를 간다더라. 길 건너 미장원은 스트레이트 파머 실력이 형편없다더라, 이런 정도이다. 그럼, 남자들을 한번 들여다보자. 남자들은 몇 마디 하지 않지만, 그 몇 마디로 회사동료를 짓밟고 사기치고 음해하고 급기야 온 나라를 뒤집어놓는 혼란을 불러일으키곤 한다.

누가 더 불량한 종족인가? 말수가 적은 집단은 항상 폭력을 주도한다. 여자들의 수다는, 여자가 남자보다 평화의 유전자를 더 많이 지녔다는 표현형적 증거이기도 하다.

좀 비유가 지나친 감이 없지 않지만, 아무튼 분명한 것은 우리에게 가장 부족한 점은 사람들 사이의 소통이라는 사실이다. 소통 중에서 눈에 보이는 것은, 자신의 생각을 입을 통해서 전달되는 말이다. 마음 또한 말에 얼마간 담기는지라, 말은 마음을 만들어가기도 한다.

말은 단순히 정보소통의 매개체만은 아니다. 말 자체가 인간관계의 끈을 단단히 엮어주는 구실을 한다. 특정 집단 내 사람들 사이에 오가는 말은 서로를 이해하고 이해해 주는 가장 효율적인 통로이다. 특히 가족들간의 말은 더욱 중요하다. 대부분의 부부갈등, 고부간의 갈등, 부모자식간의 갈등은 서로 오고 가는 말이 없기 때문이다.

아이들이 사춘기가 되면서 부쩍 말수가 줄어든다. 그와 더불어 부모와의 대화도 드물어진다. 그러면서 부모자식간의 갈등은 커져만 간다. 이럴 때일수록 쓸데없다 싶을 정도로 서로 말을 많이 하다 보면 어려운 문제들이 풀리기 시작한다.

말인즉슨 수다를 떨어보라는 것이다. 서로 말수가 적어지면서 아빠의 횡포가 나타나고 아이들의 반항도 극에 달하기도 한다. 부부 역시 마찬가지이다. 서로 말을 많이 하는 부부는 대개 평화롭고 평등한 관계를 유지한다. 잘 알지 않는가. 부부싸움 끝에 대화 단절임을. 사실 부부가 서로 말을 하지 않을수록 더 자주 다투게 된다.

말을 많이 하려면 사소한 것까지 서로에게 묻고 응대하는 것이 좋다. 부부 사이에 무슨 기업이나 정계의 회의나 토론 같은 것을 하는 게 아닐진대, 특별한 정보를 알려주고 해결방안을 꼭 얻어야 하는 딱딱한 분위기가 무에 필요하겠는가.

그저 소소하게 조금은 좀스럽다 싶을 만큼 소곤소곤 둘만의 이야기를 나누는 것이다. 이를 대화라고들 하지만, 대화라는 말이 너무 거창한 듯싶어 그냥 수다를 떨면 된다고 하는 것이다. 이제 남편들도 수다를 떨어야 한다. 우리 집의 평화를 위해서.

침팬지 종에는 여러 종류가 있는데, 그 가운데 서로 이를 잡아주는 등 애무를 하고 무슨 뜻인지는 모르지만 하루 종일 서로 말을 나누면서 지내는 종류가 있다고 한다. 당연히 다투는 것을 거

의 볼 수 없고 늘 평화롭다고 한다.

그런가 하면 말을 거의 하지 않고 교미 때와 아부할 때 외에는 살을 맞붙이지 않는 종족이 있는데, 이 침팬지들은 걸핏하면 다투고 수놈들은 암놈을 차지하기 위한 치열한 족장싸움을 한평생 벌인다고 한다. 당연히 암놈과 새끼들은 힘센 수놈의 힘과 횡포에 시달려 늘 주눅이 들어 있고, 영양실조 상태에 이르는 경우도 많다고 한다. 더욱이 이와 같은 집단의 수놈의 자연수명은 유독 짧다는 생태학적 보고가 있다.

인간도 마찬가지이다. 왜 인간을 원숭이와 비교하느냐고 반문할 수 있겠으나, 오히려 인간이기 때문에 원숭이보다 더 많은 말을 함으로써 평화적인 소통을 해야 할 것이다.

옛 성현들의 가르침 중에 말을 되도록 삼가라는 것이 있는데, 앞뒤가 안 맞는 것 아니냐고 묻는 사람들도 있을 것이다. 성현들의 이 말씀은 지금 내가 얘기하고 있는 것에 해당하는 말이 아니다. 인간들 사이에 사회가 형성되면서 이 사회조직을 유지하기 위한 말의 법전이 필요했고, 따라서 사회를 구성하고 있는 한 개체로서 자신의 말에 책임을 져야 한다는 의미에서 말조심을 일깨워 주는 것일 따름이다. 말을 적게 해야 권위가 서기 때문이다.

말을 많이 하면 그만큼 실천도 많이 해야 하므로 결코 권력을 쥔 사람들의 행실이 되어서는 안 된다는 뜻인데, 오늘날 상당 부분 왜곡하여 해석되고 있다. 가령 옛날에 왕은 말을 듣는 입장이었고 신하는 말을 하는 입장이었는데, 이것이 거꾸로 되면 왕의 권위가 무너진다고 생각했다. 그래서 말수의 많고 적음은 권위와 직접적인 관계가 있었다.

그러므로 다시 당부하건대, 권위 좋아하는 남자일수록 무엇보다도 말을 많이 하고 수다를 떨도록 하자. 먼저 아내와 수다를 떨고, 아이들과도 수다를 떨어보자.

그런 다음 밖에 나가서 직장후배들과도 수다를 떨어보자. 내로라는 대학 출신의 동창들끼리 쑥덕쑥덕 못된 전략 짜기일랑 내던져버리고, 넓지도 않은 이 땅에서 지역 사람들끼리 남의 지역 흠집 낼 알량한 생각일랑 묻어버리고, 돈깨나 있는 가문이나 조직 속에서 폼 나는 한마디로 권위 같지 않은 권위를 내세우려 들지

말고, 내 당 네 당 하면서 귓속말 나누며 파벌 만들어 권력싸움일
랑 이제 그만 두시죠.

우선 집에서 아내와 아이들과 수다 떨면서, 근엄함으로 치장한
일상의 권위부터 떨쳐버리자. 그러면 아마 진정한 지구의 평화도
올 수 있을 것이다.

요즘 여자들이 드세어져서 남자들 살기 힘들어졌다고 푸념하
는 남성들이 부쩍 늘어났다. 그러나 남편에게 매 맞는 아내가 줄
어들기는커녕 늘어만 가고 있다. 공식 통계로 말이다. 이렇게 공
식적인 통계가 늘어나는 것 자체가 여자들이 매 맞는 것을 자꾸
외부에 알리고 공개하는 등 여성지위가 높아졌음을 나타낸다고
뻔뻔스럽게 말하는 남자들이 여전히 많다. 남자들의 권위 지키기
는 정말 바뀌기 어려운가 보다.

걸핏하면 호령하고 명령 내리는 사람일수록 뒤로는 음모 꾸미
는 이중성을 자주 접할 수 있다. 슬픈 일이다. 무엇보다도 집 안에
서부터 수다를 떨고 그 수다 속에서 권위를 떨쳐내어 버리는 연습
을 해야 한다. 그러면 골머리를 앓는 자녀문제도 상당히 풀리게
된다. 바로 여기에 수다 자체의 진화적이고 생리학적인 비밀이 숨
겨져 있다.

남자들이여, 이제 수다를 떨면서 제법 고등동물다워지자.

19

권위적인 아빠와 우울증의 엄마

"저렇게 하는 것이 정말 좋은 것인데 너는 왜 이렇게만 하냐?" "저런 것도 있는데 왜 이렇게만 하라고 하실까?" 하는 상황이 부딪힐 때 누가 양보를 하고 누가 이해를 해야 할까? 힘없는 사람이 양보하는 것은 양보가 아니라 강제일 뿐이다. 양보는 힘 있고 권력을 쥔 사람들이 해야 한다. 아버지와 아들 혹은 아내와 남편 사이에서 누가 양보해야 할지는 이미 답이 나온 셈이다.

아마 지금 50대 이상의 가장들은 아빠보다는 아버지라는 호칭이 훨씬 익숙할 것이다. 아버지라는 호칭은 아빠라는 호칭이 담아낼 수 없는 엄청난 삶의 역사를 담고 있다. 그러면서도 기억하고 싶지 않은 삶의 안타까움이 함께 배어나고 있다. 좀 거창하게 말한다면, '아버지!' '어머니!' 하고 부르는 것에는 한국 근대사의 흔적이 묻어난다는 말이다.

그 옛날 아버지는 집안에서 호령하다시피 큰소리를 지를 수도 있었고 방안에서 마음대로 담배도 필 수 있었고 아무리 술이 취해 들어와도 어머니 앞에서 호령하셨고, 심지어 바람을 피워도 다 이유가 있었고, 화난다고 밥상을 뒤집곤 하셨다. 이런 것들이 가장의 권력을 상징하는 것이었다. 그 앞에서 어머니는 늘 숨을 죽여야 했고, 자식들에게는 아버지 앞에서 재롱은커녕 그저 집 밖으로만 겉돌던 기억만이 있다. 아버지 또한 이런 가장의 권력 못지않은 경제적 책임감에 짓눌려 지내면서, 집안에서만큼은 당신이 이렇게 할 수밖에 없음을 강조하곤 했다.

이런 아버지 밑에서도 자식들은 별 탈없이 자라났다. 학교에 가면, 아무리 무서운 선생님이라도 아버지보다는 덜하다고 생각했는지 열심히 뛰어놀고 장난쳤다. 하긴 그 시절에도 학교 가면 틀에 박힌 숙제하고 달달 외워야 되어서, 역시 신나는 일은 친구들과 노는 것밖에 없었다. 적어도 친구들끼리는 눈치 보거나 일없이 엉겨 붙지는 않았다. 공부 못하면 공부 못하는 놈들끼리 놀면 그만이었으니까.

반면 서울서 살던 내가 초등학교 다닐 때는 얼마나 비인간적이었는지, 성적표는 물론이거니와 아이큐 검사 결과까지 순위를 매겨 교실 뒷벽에 붙여놓을 정도였다. 그런데 그때 나의 아이큐가 꼴찌에서 두번째였다. 시험성적이 꼴찌였다면 워낙 놀기 좋아하던 터라 나름대로 합리화할 수 있었겠건만, 아이큐 결과는 너무나 근원적인 인간의 본성이 확 까발려진 것 같아 초등학교 6학년인

나로서는 더 이상 버틸 재간이 없었다. 이 때문에 얼마나 심리적인 갈등을 겪었는지는 굳이 말하지 않겠다.

또한 당시는 아들과 딸에 대한 교육적 차별도 심했다. 어려운 집안형편에 진학할 자식들이 있으면 당연히 아들이 먼저였다. 이 이야기를 하는 이유는 이런 남자 우선순위의 관행은 지금의 학교 교실에서도 되풀이되고 있기 때문이다.

이렇게 딸들은 아버지로부터 순종을 배우고 아들들은 권위를 배워갔다. 딸은 딸대로 못 배운 한을 안고 살아가야 했으며, 아들은 아들대로 봐란 듯이 뭔가를 해야 한다는 강박관념에 시달렸다. 그래도 딸은 아버지와 관계가 나빠도 결혼하면 아버지와 일정한 거리를 둘 수 있었으나, 아들은 아버지가 돌아가실 때까지 심리적으로 혹은 공간적으로나 경제적으로 함께해야 했다. 그래서 많은 경우 아들은 아버지를 닮는 경향이 있다. 특히 집안에서의 별 볼일 없는 권위의식은 어김없이 아들에게 전해지는 것 같다.

아버지에게 복종만 강요받았던 아들은 그 자식에게도 복종을 강요할 확률이 매우 높다. 아버지에게 폭행당하면서 자란 아들 역시 구타하는 아버지가 되기 쉽다고 말들 한다. 다정한 아버지 밑에 자란 아들이 다정한 아버지가 된다는 통계조사는 없지만 심리적인 근거는 충분히 있다고 본다. 사람은 교육에 의해서 변화한다는 생각이 타당하다면 말이다.

문제는 이 시대의 어머니 상이 변하고 있듯이 아버지 상도 변

할 수밖에 없는데, 어머니는 스스로 변화하고자 애쓰는 데 반해
아버지는 떠밀려서 어쩔 수 없이 변해 가거나 요지부동이라는 데
있다.

　힘들겠지만 이 시대의 아빠들은 자신의 아빠 상을 스스로 변화
시켜야 한다. 사실 아빠가 변하지 않으면 아이들의 교육에서의 변
화도 불가능하다. 변화라고 해도 뭐 그리 대단한 것이 아니다. 어
떻게든 시간을 내어 아이들과 함께 놀고 부엌에서 엄마와 같이 일
하고 하다 못해 시장이라도 같이 가면 된다. 아이들이 컴퓨터게임
에 빠져 있는 것이 심히 못마땅하지만 고함만 칠 것이 아니라 아
이 옆에 앉아 한번 게임상대를 해보자. 신기하게도 얼마 안 가서
아이 스스로 컴퓨터게임 중독을 조절할 수 있게 된다.
　하지만 지금도 여전히 권위적인 아빠가 더 많다. 아빠와 엄마
가 종속관계인 가정 역시 그렇다. 필시 이런 아버지는 가장의 잘
못된 권위를 고수하고 싶어할 것이고, 함께 사는 가족은 물론이고
다른 사람들의 마음을 들여다보려고 하지 않을 것이다. 아버지 스
스로 자식들에게 아버지의 자리를 강요한다면, 아버지의 자리를
결코 스스로 세울 수 없다. 하지만 자식들의 자리에서 아버지의
자리를 찾는다면 자연스레 아버지의 자리는 자식들 마음속에서부
터 찾을 수 있다. 교육도 이와 마찬가지이다.

　아무리 좋은 뜻을 가지고 교육을 한다 해도 아이들 입장이 아

니라 교사의 관점에서 교육한다면 그 교실은 아이들에게 지옥 같을 것이다. 집에서 어른들이 아이들에게 충고하고 설득하고 안내하고 제시하는 등 아무리 좋은 말을 한다 해도 아이들에게는 관심 밖이며 딴 세상 일일 뿐이다.

사실 이 글을 쓰는 나도 그렇지만 아는 것과 실천에 옮기는 것이 일치가 잘되지 않는 게 문제이다. 이렇게 되면 진짜 안다고 할 수 없다. 가령 재는 '이렇게 하는 것이 정말 좋은 것인데 왜 저렇게 할까?'와 '저런 것도 있는데 아빠는 왜 이렇게만 하라고 하실까?' 하는 상황이 부딪힐 때 누가 양보를 하고 이해해야 할까?

섬진강 시인 김용택 님의 말이다. "아이들을 가르치는 건 연애하는 것과 비슷해요. 내가 진심으로 다가가야만 아이들도 나를 좋아하고 신뢰하죠. 교육은 가르치면서 배우는 건데, 그러려면 애들 마음이 나한테 와야 하고, 다가와서 내 손을 잡도록 해야 하거든. 그래야 교육하는 맛이 나고 하루를 사는 맛이 나요."

사실 이 말은 이 책을 쓴 가장 큰 이유와 맞닿아 있다. 따지고 보면 이 책은 생활정보를 전달하기 위한 것이 아니라 바로 아이와 집안의 평화를 기대하며 쓴 것이기 때문이다.

그러기 위해서는 집안 곳곳에 도사리고 있는 일상적 권위부터 없애야 한다. 더욱이 남자이고 어른인 아빠부터 나서야 한다.

아무리 좋은 일을 해도 권위와 압력이 존재한다면 좋은 일이 아닌 것이다. 교육은 결과를 지향하는 것이 아니라 과정을 찾는 것이기 때문이다. 오늘의 교육은 이와 정반대로 나아가고 있으니 아이들보고 뭐라 할 수도 없는 것 같다. 어른이 먼저 고쳐야지.

우리 시대의 교육은 허망한 정답을 찾아 헤매고 있는데, 이제 정답 찾기를 그만두고 우선 나 자신이 하는 질문이 올바른 것인가부터 찾아야 할 판이다. 올바른 질문은 진짜 정답에 거의 다가선 셈이다.

가장 먼저 질문해야 할 것은 권위와 권력의 틀에 관한 것이다. 하향평준화, 국가경쟁력, 영재교육, 영어출세론 등이 풍미하는 가짜언어의 홍수 속에서 우리 아이들은 어른들의 권위와 욕심에 짓밟히고 있다.

나는 담배를 즐겨 피는데 요즘 가족들의 금연 압박 때문에 참으로 곤란에 빠져 있다. 그런데 둘째놈이 하도 컴퓨터게임에 빠져 있어서 끝내는 내가 화를 내기 시작했다. "너 계속 게임만 하고 있을 거냐?"(실제로는 더 험악한 상황이었음) 나의 호령에 그놈이 대답하는데, 그 답변에 나는 할말을 잃었다. "아빠가 담배를 끊으면 저도 게임을 끊을 게요."

권위와 기득권의 행사를 주춤케 하는 번뜩임이었다. 그래서 아버지의 상징을 먼저 떠올려본 것이다.

그래도 나는 집안일을 잘 돕는 편이라고 생각했다. 그러나 아내는 내가 돕는다고 표현한 데 대해 일침을 가했다. 역시 제3자

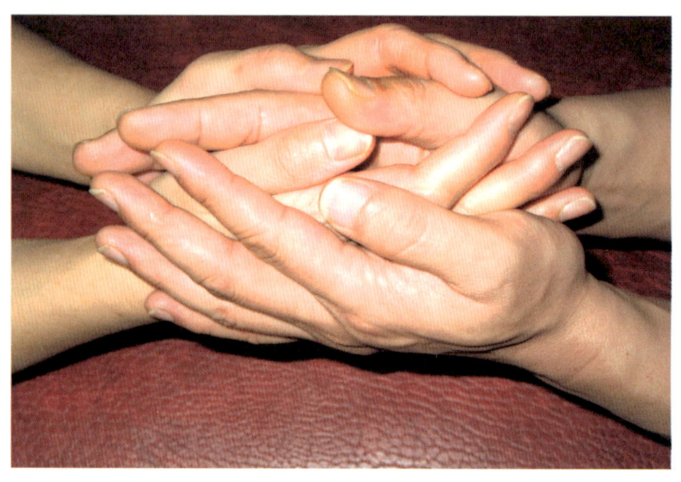

입장에서 집안일을 돕는다고 말할 뿐이라는 것이다. 집안일의 주체가 된다면 어떻게 돕는다고 말할 수 있는가 하면서.

40대의 엄마들 역시 혼란스러운 삶을 살아가는 것 같다. 40대 엄마의 그 어머니는 참으로 기구한 인생을 살아오셨다. 아주 어린 시절 충청도 어느 산골에서 살았을 때 서울에서 일하시던 엄마가 과자와 가방이며 그 시절 귀하던 양철필통과 함께 물놀이 튜브를 소포로 보내주셨다. 아마 소포를 저녁나절에 받았던 것 같았다. 나는 튜브를 가지고 놀고 싶어서 밤새 잠을 이루지 못하다가 날이 밝자마자 아침도 먹지 않고 집 앞 개울에 나가 신나게 튜브놀이를 하였다. 그러고는 며칠을 앓아누웠던 기억이 지금도 생생하다. 그

때가 초등학교 1학년이었는데 나는 커가면서 어머니의 모습을 대하면 너무나 가슴이 시려, 어머니보다 좀더 잘살아서 어머니를 편하게 해드릴 수 있었으면 했다. 사실 이런 마음은 아들들보다 딸들이 더할 것이다. 그렇지만 현실에서 딸들의 이런 속마음이 실현되기란 그리 쉽지 않다.

어느덧 나이가 들어 결혼을 하였고 지금 이 원고를 함께 쓰고 있는 남편과 그럭저럭 살아가고 있다. 남편은 나에게 잘하겠다고 말하지만, 남편 역시 우리 시대 여느 남자들의 그러저러한 모습을 힘겹게 짊어지고 있었다. 남편은 자기 부모님과 나의 어머니께 똑같이 처신한다고 하지만, 우리 역시 보통의 많은 부부들이 겪는 갈등을 피해가긴 어려웠다.

부부관계에서도 남편은 남편대로 그럴 만하고 어쩔 수 없는 이유 때문에 집보다는 바깥에서 보내는 시간이 많다. 돈벌랴, 사회적 위치 세우랴, 친구들과의 인간관계 다지랴, 남편들은 참으로 할 일이 많다. 그 결과, 여자들만 집 안에서 혹은 아파트 아줌마구역에서 지지고 볶고 살아갈 수밖에 없으니 속이 시퍼렇게 멍든 아줌마의 병증이 서서히 나타나게 된다. 더욱이 집 밖으로 나서면 더욱더 휘몰아치는 여자에 대한 불평등한 현실은 몸서리가 쳐질 정도이다.

자연히 우리 시대의 여자들은 더 심한 내적 갈등을 안고 산다. 갈등이라는 말보다 주부우울증이 더 다가오는 말일 것이다. 이러한 주부우울증은 이 시대가 치료해야 한다. 이 시대를 습관적으로

따라만 살다가는 우리들의 우울증이 고쳐지기는커녕 더 심해질 수밖에 없다. 무엇보다도 남편이 나서야 한다.

어쨌든 부부가 살아가면서 이혼하지 않은 것만도 다행이라 여기며 아이들 키우고 그럭저럭 살림을 엮어나간다. 그래도 우리는 이 가운데서 겨우겨우 새로운 삶의 문법을 찾아내었다. 뭐 특별한 것은 아니다.

첫째 일상의 권위를 없애고, 둘째 남이 하자는 대로 혹은 관행이라는 핑계를 대면서 무조건 따라하지 않고, 셋째 획일적으로 주어진 것에서 벗어나서 나에게 맞는 것을 찾아서 스스로 만들어가자고 마음먹으며, 넷째 우리 마음에 맞고 우리가 즐겁고 기꺼이 할 수 있는 삶을 살아보자는 것이다. 하나 덧붙이자면, 머리로만 아는 삶이 아니라 몸으로 실천하는 생활을 일상적으로 꾸려보자는 것이다.

이러다 보면 남녀평등이니 생태적 삶이니 하는 거창한 말 쓰지 않더라도 자연스럽게 함께하는 삶의 재미가 쏠쏠하게 느껴지는 것 같다. 이 책의 내용조차 억지로 하는 것이라면 그 또한 일상의 부담이 될 뿐이다.

권위적인 아빠와 우울증의 엄마

20

대단한 결심이 필요 없는
소시민의 살림살이

그런저런 일상을 보내는 사람들은 여전히 도심 속 콘크리트 아파트에서 살고 있으며 앞으로도 살아야 할 처지이다. 어차피 우리는 아파트에서도 사람답게 사는 삶의 방식을 찾아내어야 한다. 그 삶의 방식은 결코 특이한 어떤 것이 아니라, 주체적인 삶을 찾아가는 과정에서 생겨난다고 본다. 일상의 권위 같지 않은 권위를 과감히 버리고, 이른바 관행이라는 핑계 같지 않은 핑계를 대면서 입 벌리고 만들어주기만을 기다리지 마시고 죽이 되어도 좋으니 자신의 삶을 스스로 만들어가면서 살아보자. 뭐, 대단하고 유명한 사람들만이 할 수 있는 것이 아님을 확신한다. 과감하게 용기를 내지는 못하지만, 어정쩡한 일상 속의 우리도 한번쯤 자신의 삶을 직접 가꾸어보는 일은 정말 소중한 것 같다.

우리 아이들도 여느 아이들과 다름없이 집안일이 어떻게 돌아가는지 별 관심이 없는 듯하다. 게다가 작은아이는 밤 11시나 되어야 학교에서 돌아오니 집안일을 더 모른다. 그래서 우리 부부는 주말만이라도 아이들에게 번갈아 설거지를 시키기로 했다. 아이들의 저항이 컸지만 회유와 강압으로 일을 시켰다. 불만에 찬 표정을 하고서도 억지로 설거지를 하였다.

방청소, 설거지, 빨래개기, 쓰레기 분리수거 정도는 당연히 아이들과 함께 해야 한다. 시험공부한다고 핑계를 대어도 아이들에게 집안일을 하게 해야 한다. 이러다 보면 조금씩 변화한다. 우선 부엌살림의 중요성을 아주 조금이나마 깨닫는 것 같았다. 적어도 사내아이가 부엌일을 하면 고추가 떨어진다는 케케묵은 얘기가 오늘에도 반복되지 않았으면 좋겠다.

또 아이들이 어리다면, 시민단체나 생활협동단체 등에서 주관하는 어린이 자연학교 또는 생태학교에 보내라고 권하고 싶다. 내가 아는 후배부부는 큰아이를 서울의 소규모 생협단체가 운영하는 어린이 자연학교에 보냈다. 원래 그 아이는 자폐증세가 약간 있었는데, 자연학교에 다니면서부터 사람과 사물을 보고 만나는 방식이 몰라보게 바뀌었다고 한다.

자폐현상이란, 남이 보기에 자폐증이지 자신에게는 결코 자폐증이 아니다. 단지 타인과 자신 사이에 세상을 만나고 관계하는 소통의 차이만 있을 뿐이다. 그래서 어른들이 자폐증을 보이는 아이를 대할 때 기존의 소통방식에서 벗어나 아이의 소통방식을 받아들이면 문제가 해결된다고 한다. 어느 과학잡지에서 읽은 내용이다. 기존의 사회적 체계와 관습적인 권위, 문명적인 편견을 버리기만 한다면, 부모를 비롯한 어른의 사회는 자폐아하고도 얼마든지 소통할 수 있다. 동시에 아이에게는 소통의 문을 열게끔 도와주어야 한다.

소통의 문을 여는 구체적인 방법은 바로 자연과 아이를 만나게

각종 꽃호박과 수세미. 자연이 준 선물이다.

하는 일에서부터 시작한다. 쉽게 말해서 자연과 가까이 할 기회가 적은 도시의 아이들에게 최대한 자연과 호흡할 수 있는 기회를 만들어주는 것이다. 이런 면에서 어린이 자연학교 같은 곳이 좋다. 자연과의 만남을 통해 이루어지는 소통관계는 우리 아이들에게 가장 큰 나눔이며 베풂이다. 나는 자연학교나 대안학교들에서 제도권 교육에서 할 수 없는 일들을 많이 하는 것을 볼 수 있었다.

자폐아만의 문제는 아니다. 어른들도 마찬가지다. 어떻게 보면 자폐를 특정의 질병으로 치부해 버릴 수 없는 게 현실이다. 자폐적인 어른이 자꾸 늘어가기 때문이다. 자기 중심으로만 타인을 바라보는 어른들, 집단권력에 의존하는 어른들, 툭하면 짜증내고 화부터 내는 어른들, 극단적인 자기보호의 또 다른 측면으로 표출되는 고집불통의 어른들, 나만 잘살기 위해 타인을 배제해 버리는 어른들, 이 모두 자폐적인 모습이다.

자폐로부터 벗어나기 위해서는 남을 배려하는 일부터 연습해야 한다. 너와 나의 만남 속에서 너의 모습이 내 속에 투영되어야 한다. 한마디로 평등한 삶을 꾸려가자는 이야기다.

사회적 체계와 관습적 권위 그리고 문명적 편견으로 소외된 사람들이 많다. 혼자 사는 엄마와 그 아이들도 그렇다. 이제 한국에서도 편부모가정의 아이가 늘고 있다. 혼자 사는 엄마의 아이들에게 기운을 주기 위하여 엄마가 왜 혼자 살고 왜 돈을 벌어야 하는

지 숨기거나 피하지 말고 정확하게 일러주는 것이 좋다. 그래서 혼자 사는 엄마는 더더욱 당당해져야 한다. 스웨덴에서는 한 학급에 편부모가정의 자녀가 더 많다고 한다.

당당한 엄마에게서 당당한 아이의 모습을 기대할 수 있다. 우선 엄마가 여자라는 사회적 약자의 틀을 벗어나야 하는데 이 문제는 사회제도적으로 보장되어야 한다. 편부모가정의 자녀가 급증하고 있지만, 우리의 사회복지 체제조차 대개 부부가정 중심으로만 되어 있다. 그러나 제도만 탓하고 있을 수 없다. 주변사람들이 나서서 서로 도우면서 작은 공동체를 만들 필요가 있다.

이런 제도적 차원 이외에도 엄마 스스로 남녀 차별적인 교육방식에서 탈피해야 할 것 같다.

언젠가 한 시민단체 사무실을 방문한 적이 있는데, 마침 그때 사무실이 이사중이어서 어수선했다. 사무실에는 20대 초반쯤 되어 보이는 여자 한 명만 있었는데, 벽에 액자를 걸어야 된다면서 남자동료가 오기만을 기다리고 있지 않은가. 사무실에는 망치며 못도 있었고, 걸개의 높이가 그리 높은 것도 아니었다. 게다가 합판 벽이어서 힘들이지 않고 못을 박을 수 있을 것이었다. 그렇지만 망치질은 남자들의 역할이라는 고정관념에서 벗어나질 못한 그 여자분은 마냥 남자 오기만을 기다리는 것이다.

이제 스스로 성적 불평등을 부채질하는 일에서 벗어야 할 것 같다.

　살림살이를 잘해 보자는 말은 지극히 당연한 것이다. 그러나 사람답게 사는 살림살이는 무엇보다 평등한 관계에서 가능하다. 살림살이란 죽지 말고 살자는 뜻인데, 죽임의 논리가 가득 찬 땅에서 생명의 기운을 되찾아보자는 말과 같다.

　그런데 요즘 살림살이가 다들 어려워 기운들이 없다. 살림살이가 어려우면 기운이 떨어지고 기운이 없으면 살림살이는 더 어려워진다. 뒤집어보면, 살림살이를 잘해 볼라치면 우선 기운을 내야 한다. 없는 기운이라도 한번 움칫거려 보면 새록새록 솟아난다. 그러니 기죽지 말아야 한다.

　우리말에서 기죽지 말자는 말은 풀죽지 말자는 것과 뜻이 같다. 여기서 풀은 옷에 풀 먹일 때의 그 풀과 땅에 돋아나는 풀을 뜻한다. 풀은 밟아도 다시 일어난다. 삶의 기운이 그 안에 들어 있기 때문이다. 그래서 기운을 차리는 일은 풀을 살리는 일과 같다. 이것이 생명의 본뜻이다.

　안타깝게도 현대문명의 콘크리트 바닥에서는 풀을 만나기 쉽지 않다. 아마 그래서 사람들이 풀이 사는 땅을 찾아 시골로 가는가 보다. 그러나 우리네 보통사람들은 여전히 도시의 콘크리트 아파트에서 살고 있으며 앞으로도 살아야 할 처지이다. 이미 유럽에서는 대도시의 아파트가 슬럼지역으로 변하고 있다. 그만큼 아파트에서의 삶의 질이 낮을 수밖에 없다는 것이리라.

　하지만 그건 유럽 일이고, 우리는 우리대로 아파트에서도 사람

▲삭막한 콘크리트 바닥, 그 틈새를 비집고 올라온 생명

답게 사는 삶의 방식을 기어코 찾아내어야 한다. 도시를 떨쳐버리고 시골로 가는 거창한 결단은 우리들이 감당하기에 너무 벅찬 것이기 때문이다. 미래에는 어쩔지 몰라도 적어도 현재는 그렇다는 말이다. 급한 대로 일상의 소시민이 대단한 결심을 하지 않고서 아파트에서도 사람답게 사는 길을 찾아야 할 것 같다.

이제 이 책을 마무리해야겠다. 실천적 용기가 없어도 삶의 용기를 버리지는 말자. 용기를 내시라. 일상의 권위 같지 않은 권위를 과감히 버리고, 이른바 관행이라는 핑계 같지 않은 핑계를 대면서 입 벌리고 만들어주기만을 기다리지 마시고 죽이 되어도 좋으니 자신의 삶을 스스로 만들어가면서 살아보자.

뭐, 대단하고 유명한 사람들만이 할 수 있는 것이 아님을 확신한다. 과감하게 용기를 내지는 못하지만, 어정쩡한 일상 속의 우리들도 한번쯤 자신의 삶을 직접 가꾸는 일은 정말 소중한 것 같다. 말은 이렇게 그럴 듯하게 하지만, 사실 우리 부부도 어정쩡한 삶을 살아가고 있는 것은 마찬가지이다.